重庆市出版专项资金资助

U0224680

小节大传承

中国非物质文化遗产通识读本

宋兆麟 著

二十四节气

重庆出版集团 重庆出版社

图书在版编目（CIP）数据

二十四节气/宋兆麟著. 一重庆:重庆出版社,2019.4
ISBN 978-7-229-13972-8（2023.12重印）

Ⅰ.①二… Ⅱ.①宋… Ⅲ.①二十四节气—普及读物
Ⅳ.①P462-49

中国版本图书馆CIP数据核字（2019）第190134号

二十四节气
ERSHISI JIEQI
宋兆麟　著

丛书主编:王海霞　徐艺乙
丛书副主编:邰高娣
丛书策划:郭玉洁
责任编辑:李云伟
责任校对:杨　婧
装帧设计:王芳甜

重庆出版集团
重庆出版社　出版
重庆市南岸区南滨路162号1幢　邮政编码:400061　http://www.cqph.com

重庆出版集团艺术设计有限公司制版
重庆豪森印务有限公司印刷
重庆出版集团图书发行有限公司发行
E-MAIL:fxchu@cqph.com　邮购电话:023-61520646

全国新华书店经销

开本:710mm×1000mm　1/16　印张:7　字数:120千
2021年6月第1版　2023年12月第4次印刷
ISBN 978-7-229-13972-8
定价:25.00元

如有印装质量问题,请向本集团图书发行有限公司调换:023-61520678

目录 CONTENTS

二十四节气是我国古代将一年分为二十四个时间段的一种表述方法。

地球围绕太阳旋转，每转一圈为一个回归年，计365天。从天文学上说，太阳从黄经零度起，沿着黄经每运行15度的时日为一个节气，每年运行360度，共经历二十四个节气，也就是每个月有两个节气。仔细划分，其中又分两种情况：

一是节气，即每月第一个节气为节气，有立春、惊蛰、清明、立夏、芒种、小暑、立秋、白露、寒露、立冬、大雪和小寒。

二十四节气表

节气	阴历月份	黄经度	阳历		节气	阴历月份	黄经度	阳历	
			月	日				月	日
立春	正月	315	2	4或5	立秋	七月	135	8	8或7
雨水		300		19或20	处暑		150		23或24
惊蛰	二月	345	3	6或5	白露	八月	165	9	8或7
春分		0		21或20	秋分		180		23或24
清明	三月	15	4	5或6	寒露	九月	195	10	8或9
谷雨		30		20或21	霜降		210		24或23
立夏	四月	45	5	6或5	立冬	十月	225	11	8或6
小满		60		21或20	小雪		240		23或22
芒种	五月	75	6	6或7	大雪	十一月	255	12	7或8
夏至		90		22或21	冬至		270		22或23
小暑	六月	105	7	7或8	小寒	十二月	285		6或5
大暑		120		23或24	大寒		300		20或21

一是中气，即每月第二个节气为中气，有雨水、春分、谷雨、小满、夏至、大暑、处暑、秋分、霜降、小雪、冬至和大寒。

在民间流行一首二十四节气歌：

春雨惊春清谷天，夏满芒夏暑相连。

秋处露秋寒霜降，冬雪雪冬小大寒。

二十四节气是怎么起源的，这是有一定社会原因的。

二十四节气是有关气候、季节变化的产物，其起源必往前追溯。人类在长期的采集、渔猎实践中，要熟悉自然环境、季节变化、物候改变，以及动植物生长规律。这样才能谋取一定的生活资料。其中最主要的是太阳的东升西落，气候的寒暑变化，月亮的圆缺，物候的变化。

我国远在一万年前后就发明了农业，到了新石器时代中晚期又出现了南稻北粟的分野。农业生产季节性很强，必须有一定的天文历法知识，在河南郑州大何村出土过一件绘有太阳纹的彩陶片，而且是十二个太阳纹，说明当时已知道一年有十二个月。

商周时期已经知道一年内昼夜变化和正午太阳最高度的变化规律。春秋时期已经利用土圭测量日影长短，明确了"两分"（春分、秋分），"二至"（夏至、冬至）四个节气。战国时期有了"四立"知识，包括立春、立夏、立秋和立冬，从而有了八个节气。西汉《淮南子·天文训》中已经有了二十四节气。每个节气有15天，但每月有一个节气，

古代二十八宿图

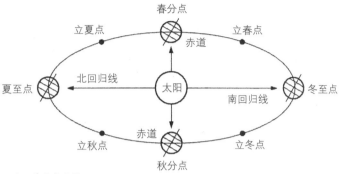

二十四节气成因图

有一个中气，两者交替使用，过去不能混淆，现在统称为节气。

怎么评价二十四节气呢？我们认为它有相当的科学性。

首先，二十四节气符合地球围绕太阳公转的原理。众所周知，我国有两种历法：一种是太阳历，又称阳历，它是地球绕太阳转一周，为365天5时48分46秒。一种是月亮历，又称阴历，它是月亮绕地球转一周为一个月，十二个月为一年，朔望月29天12分44.3秒。一年354天。阴历最大月为30天，小月29天。由于一年354天，没有一定排序，即有的月有两个节气，有的一个月仅有一个节气。现代天文学证实，地球绕太阳运转一周约为365天5时48分46秒，运行94000万公里。这个公转轨道人们称为黄经，分为360°，划分为24等份，每份15°，这15°正是一个节气的时间。两个节气间相隔15天左右，全年即二十四个节气。由于地球旋转的轨道面同赤道面不是一致的，而是保持一定的倾斜，所以一年四季太阳光直射到地球的位置也是不同的。以北半球来讲，太阳直射在北纬23.5度时，天文上就称为夏至；太阳直射在南纬23.5度时称为冬至；夏至和冬至即指已经到了夏、冬两季的中间了。一年中太阳两次直射在赤道上时，就分别为春分和秋分，这也就是到了春、秋两季的中间，这两天白昼和黑夜一样长。不过，节气的日期在阳历中是相对固定的，如立春总是在阳历的2月3日至5日之间。说明二十四节气的制定是比较科学的。

我们之所以说二十四节气比较科学，是因为我国古人比较注意观察天时对农业的影响。

这里所谓的天、天时，就是整个宇宙和地球表面的大气层。自然界中出现风、霜、雪、冷暖、晴阴等气象。风调雨顺则五谷丰登，旱涝风冻则减产或无收成，从农业角度来看，天就是农业气象条件。由此可知，二十四节气正是人们对古代农业气象条件有了相当认知才制定的，所以它具有科学性、实践性，久用不衰，沿用至今依然有一定生命力。

第二是掌握地力，即在大地上生长的动植物的生活规律，从中测量气候的变化。

在大自然界生长的各种植物、动物，都是有一定季节性活动规律，也就是与气候变化息息相关。相反，从动植物的变化，也能看到一年内不同时间的气候变化，所以，人们把上述动植物的变化称为物候。如各地多以花信判断节气。

节气	黄经	节气	黄经
春分	0°	秋分	180°
清明	15°	寒露	195°
谷雨	30°	霜降	210°
立夏	45°	立冬	225°
小满	60°	小雪	240°
芒种	75°	大雪	255°
夏至	90°	冬至	270°
小暑	105°	小寒	285°
大暑	120°	大寒	300°
立秋	135°	立春	315°
处暑	150°	雨水	330°
白露	165°	惊蛰	345°

节气与黄经关系

夏季日图

以花来判断节气，由来已久。清代《广群芳谱》是
比较系统的花信专著。民间流传的有关谚语更多，如
"布谷布谷，种禾割麦"、"桃花开，燕子来，准备谷种
下田畈"等等。上述花信，不但反映了花卉与时令关系
的自然现象，而且人们也可利用花卉现象安排农事活
动。所以花信风也是一种物候，是二十四节气文化的重
要来源。因此，人们习惯上都给每个月确定一种花名，
比较流行的是：

正月节梅花，

二月节杏花，

三月节桃花，

四月节蔷薇，

五月节石榴，

六月节荷花，

七月节凤仙，

八月节木樨，

九月节菊花，

十月节芙蓉，

十一月节腊梅，

十二月节水仙。

第三是农业生产经验教训积累的产物。

在漫长的历史长河中，懂得天文历法的人是很少的。后来颁布的历书、历谱也是供有文化的人看的。一般农民并不识文断字，他们进行农业生产的知识，绝大部分是口传的，即父传子，子传孙，一代代传下来的，没有文字记录，全凭口传心记，也就是民间有一部口述史，它像黄河长江一样，长流不息，流传至今。

具体说到二十四节气，除了二十四节气歌、二十四节气农事歌外，还有大量的、几乎无法统计的二十四节气农谚。在本书各节中有各地比较流行的二十四节气农谚，从中可以看出，每个节气都有许多谚语，它们不仅告诫人们在一定节气应该种什么、收什么，而且告诫人们误了农时会遭到什么恶果。谚语所涉及的内容不只限于农事活动，还关系到手工业生产、衣食住行、民间信仰等等。这些谚语短小精悍、简明顺口，便于流传和记忆，是农民家喻户晓的知识宝库，农民不仅说得出来，而且像金科玉律似的照办，成为广大农民从事农业生产和生活的重要指南。

应该指出，二十四节气并不是现代意义上的科学产物，它还存在着一些问题，如过于强调经验、地域性较强，甚至个别地方还存在一些迷信色彩。

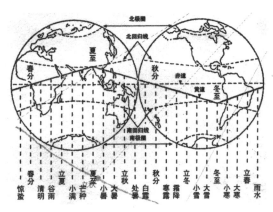

黄经与二十四节气

春季节气

CHUNJI JIEQI

天下太平　新春大吉

一　立春

　　立春为一年中的第一个节气。"立"有"见"之意，也就是见到春天了。从这天起，冬去春来，标志春天之始，故曰该日为正月节。立春的特点是："一候东风解冻，二候蛰虫始振，三候鱼陟负冰"。立春从阴历计算，在大寒后第15天，斗（北斗星柄）指东北为立春，相当于阳历2月5日前后，太阳到达黄经315度开始。从

彩灯

太岁春牛迎春

此开始白昼渐长，日照增加，地面开始升温，农谚"立春一日，百草回芽，交春一日，水暖三分"等，都是这个意思。

立春在古代是一个重大节日，历代皇帝都要率百官到先农坛举行隆重的迎春典礼，皇帝还要进行亲耕仪式，以示皇帝对春耕的重视，同时也是皇帝进行春耕的动员令，这一活动直到清代还在举行。各地官员则举行迎春仪式，鞭春牛，以示春耕开始。从中央到地方，无一例外。北京有个先农坛，就是清代皇帝举行亲耕仪式的地方。年画中有一种春牛图，就是过立春时能贴的年画。其

中的策牛人站在牛前，提醒人们目前已经立春，不要耽误农事。苏州地方的打春习俗描写得更为详细："立春日，太守集府堂，鞭牛碎之，谓之'打春'。农民竞以麻麦米豆抛打春牛，里胥以春饼相馈贻，预兆丰稔。百姓买忙神、春牛亭子，置堂中，云宜田事。"

立春时有特定的饮食习惯，如北方喜欢吃春饼，咬生萝卜；福建喜欢在立春这天吃面条，以便祈求一年生活"年年长长"；河南则把面条和饺子放在一起煮着吃，取名"金丝穿元宝"；浙江喜欢吃春卷，其中必有芹菜、韭菜、竹

笋等物；四川民间要用泡菜烧鱼等等。

　　由于立春与春节密不可分，所以立春活动中也有不少春节的内容，如拜年、娱乐等。同时还有不少节庆活动，如正月初二回娘家；初三老鼠嫁女；初四接神；初五为财神诞辰，当天必迎财神，各种店铺开市大吉；正月初七为人日，古代称人胜节。

卖春卷

蘿卜個大
削單皮
心紅收緊
水欲滴
制成花瓣
做招幌
蘿卜好吃
味賽梨
甚卖水蘿卜
辛卯夏 何大齐

卖水萝卜（何大齐绘）

雨神

二 雨水

雨水是立春后的第一个节气，也是新年伊始的第二个节气，在阴历正月十五前后，斗指壬为雨水，阳历 2 月 19 日前后，太阳到达黄经 330 度开始。雨水有两种含义：一是由冬季降雪改为春季降雨，故名雨水节；二是降雨多了。《月令·七十二候集解》："正月中，天一生水，春始居木，然生木者必水也，故立春后继之雨水。"

中华民族的先民根据多年经验的积累，总结出雨水的候象是獭祭鱼、候雁北，草木萌动。说明一到雨水，乍暖还寒，但是开始有雨了，在雨水的滋润下，草木萌动，候鸟大雁也向北迁徙。

黄河中下游主要忙于给麦田除草，追肥灌溉，给果树剪枝。在黄河更北的地方还相当冷，有"春寒冻死牛"之谚。由于下雪少雨，有时天气还很冷，所以对牲畜的管理不能怠慢。"老牛老马过一冬，单怕二月摆头风"。说的就是这个意思。牲畜一旦出现疾病，必须立即请兽医，根据《牛马经》等药方进行调理。长江流域的气候要暖和得多，此时，万物生长，农事活动也较多。除管理水稻外，还要注意果树等经济作物的生长管理。当地谚语云："雨水节，皆柑橘。雨水甘蔗，节节长。"

西南地区，各地农民做好了春耕生产的准备工作。农民开始中耕培土，麦田追施拔节肥，油菜地开始追施苔肥，有些地方开始播种马铃薯。"雨水有雨庄稼好，大春小春一片宝。""春雨贵如油"指的就是这一个节气。由此可以看出，雨水时节如果降雨，预示着农业就会获得丰收。但是，雨水也不能过多，否则就会出现"春水烂麦根"的现象。因此，既要做好清沟又要蓄水保墒。

雨水节期间，正好是农历的元宵节，汉族以及有些少数民族都陶醉在元宵节的活动中，吃元宵、逛灯会、猜灯谜、耍龙灯，这些丰富多彩的活动，无形中把雨水节的故事淡忘了。

耕地

雁北飞

三　惊蛰

惊蛰是立春后的第二个节气，也是一年中的第三个节气，阴历二月五日前后，斗指丁为惊蛰，相当于阳历 3 月 5 日至 7 日前后，太阳到达黄经 345 度开始。蛰，是指动物冬眠时潜伏在土中或洞穴中不食不动的状态。"惊蛰"据《月令·七十二候集解》："二月节，……万物出于震，震为雷，故曰惊蛰，是蛰虫惊而出走矣。"晋代诗人陶渊明有诗曰："促春遘时雨，始雷发东隅，众蛰各潜骇，草木纵横舒。"惊蛰的特点是：始有雷声。雷声殷殷，惊醒了蛰伏于穴中的虫子和万物。古代由于人们对自然界缺乏了解，认为雷由雷神、雷公、雷祖主宰，所以惊蛰时必祭雷神，伴随而来的是信仰风神、电母。而每年从惊蛰开始就有了雷声。"不过惊蛰节，青蛙不开口。惊蛰闻雷"而诸虫出洞是也，天气变暖使得它们结束冬眠，"惊而出走"。此时，冬季九九完毕，人们开始了春耕大忙。

唐代诗人韦应物有首《观田家》诗：

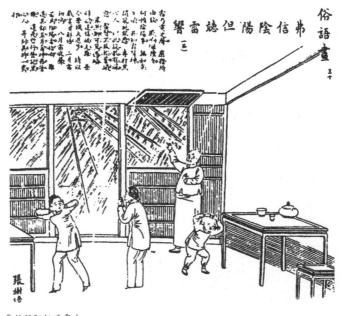

弗信阴阳但听雷响

土地神

犁耕图

微雨从卉新，一雷惊蛰始。

田家几日闲，耕种从此始。

在惊蛰前后，我国北方有"二月二，龙抬头"之俗。民间认为，农历的二月初二是上天主管云雨的龙抬头的日子，从此以后，雨水就会逐渐增多，预示着本年会获得好收成。明人刘侗《帝京景物略·春场》："二月二曰'龙抬头'，煎元旦祭余饼，熏床炕，曰'熏虫儿'：谓引龙，虫不出也。"古时宫廷也很重视二月二这个节日。明刘若愚《酌中志》："二月二日，各宫门前撒出所安彩妆，各家用黍面枣糕，以油煎之，或白面和稀摊为煎饼，名曰'熏虫'。"由此看来，人们之所以过"二月二"，主要原因是人们认为龙是百虫之王，祭龙除了有祈雨的愿望外，也有把龙神请来，以便驱逐害虫、保证庄稼丰收之意。同时，二月二也是土地神的诞生日；二月初三是文昌会。文昌帝君也称文曲星，是主宰功名、禄位之神。相传二月初三是文昌帝君的诞日。古时每逢这天，各地官吏都要去当地的文昌宫进行祭拜，一般人家里有读书者，也要前去祭拜，焚香祈祷，以求得科举登第。

四　春分

春分是在阴历二月中，斗指壬为春分，相当于阳历 3 月 21 日前后，太阳到达黄经零度开始。春分的意义有二：一是指一天时间白天黑夜平分，各为 12 小时；二是古时以立春至立夏为春季，春分正当春季三个月之中，平分了春季。该节气和秋分一样，为南北半球昼夜均分，又为春季之半，故名春分。《春秋繁露·阴阳出入上下篇》："春分者，阴阳相半也，故昼夜均而寒暑平。"春分日过后，日落的方位渐渐向西北偏移，到夏至日达最西北点，再到秋分日返回正西，而后逐日往西南移，到冬至

日达最西南，而后再向西，春分日回归到最西点。《月令·七十二候集解》："二月中，分之半也，此当九十日之半，故谓之分。"

宋代诗人欧阳修的《春分》诗：

南园春半踏青时，风和闻马嘶；
春梅如豆柳如眉，日长蝴蝶飞。

这是对春分这一节气最好的描述。

事实上，春分是一个极其古老的节气，而且是最早的节气之一。《尚书·尧典》称春分为"日中"。

该日太阳直射赤道，地球上各地昼夜时间近同，为平分的一天。"日夜分，昼夜平"说的就是这个意思。春分时节，我国大部分地区，越冬作物进入春季生长阶段。所以才有"春分麦起身，

皇帝亲耕

出城探春

春社图

一刻值千金"之说。此时，春光明媚，春色浓艳，春燕呢喃，处处给人以美的享受。

春分时节，除了全年皆冬的高寒山区和北纬45°以北的地区外，全国各地日平均气温均稳定升至0℃以上，严寒已经逝去，气温回升较快，尤其是华北地区和黄淮平原，日平均气温几乎与多雨的长江、江南地区同时升至10℃以上而进入明媚的春季。辽阔的大地上，岸柳青青，莺飞草长，小麦拔节，油菜花香，桃红李白迎春黄。而华南地区更是一派暮春景象。从气候规律说，这时江南的降水迅速增多，进入春季"桃花汛"期；"春雨贵如油"的东北、华北和西北广大地区降水依然很

土地神

"春分麦起身，一刻值千金"，北方春季少雨的地区要抓紧春灌，浇好拔节水，施好拔节肥，注意防御晚霜冻害；南方仍需继续搞好排涝防渍工作。江南早稻育秧和江淮地区早稻薄膜育秧工作已经开始，早春天气冷暖变化频繁，要注意在冷空气来临时浸种催芽，冷空气结束时抢晴播种。群众经验说："冷尾暖头，下秧不愁。"要根据天气情况，争取播种后3至5个晴天，以保一播全苗。南方的春茶已开始抽芽，应及时追施速效肥料，防治病虫害，力争茶叶丰产优质。

"二月惊蛰又春分，种树施肥耕地深"。春分也是植树造林的大好时机，古诗就有"夜半饭牛呼妇起，明朝种树是春分"之句。由此可以看出，我们的祖先从古代起就很重视植树造林、美化环境。

在谈到春分时，不得不提到春社。最初把"立春"后第五个戊日叫社日，一年有两个社日，分别称之为春社和秋社。社日要祭祀社神。因为祭祀活动多以村子为单位举行，所以又称村社。社神又称土地神。古时春社敬祀土神以祈祷农业丰收，秋社敬祀土神以酬谢农业获得丰收。实际上，春社、秋社分别在

少，抗御春旱的威胁是农业生产上的主要问题。西南地区春耕春播开始。"春分到，把种泡，点了玉米忙撒稻"。另外，在西南地区，除了做好播种工作外，还要给冬小麦、油菜追肥，做好防治病虫害的工作。

"春分"和"秋分"前后，因此也有人把它们当作节气看待。在古代，先民们靠天吃饭，生产力水平比较低，人们在开始春耕之时和秋收之后，为了祈祷和感谢"天"、"地"的恩赐，敬祀土神是很自然的事情。

如今，中国民间的春社活动日趋简化，但祭祀土地神的仪式和社火演出还一直保留着。

五 清明

清明虽然是一个节气，但由于各地在该日祭祖，加上官方和文人的提倡，清明已经成为一个全国性的约定俗成的节日。清明在阴历三月初五前后，所以又称三月节，斗指乙为清明，相当于阳历4月5日前后，太阳到达黄经15度位置开始。《淮南子·天文篇》："春分后十五日斗指乙为清明。"《月令·七十二候集解》："三月节，……物至此时，皆以洁齐而清明矣。"清明时节，天气晴朗，气温上升，草木复生。北方大部分地区已经摆脱了寒冷，江南地区已经细雨纷纷。

宋代诗人高菊涧《清明》一诗云：

南北山头多墓田，清明祭扫各纷然。

纸灰飞作白蝴蝶，血泪染成红杜鹃。

日暮狐狸眠冢上，夜归儿女笑灯前。

人生有酒须当醉，一滴何曾到九泉。

在农事安排上，清明是一个关键的时节，"清明前后，种瓜点豆"；"清明谷雨两相连，浸种耕田莫迟延"；"杏花朵朵开，春播巧安排"；"山中甲子无春夏，四月才开二月花"；"枣发芽，种棉花"，等等。

从以上谚语看出，清明是春播的关键时期，农民们积极行动起来，投身到春播春耕工作中。"清明一到，农夫起跳"。一到清明节，农民都坐不住了，纷纷扛起农具，走上田间地头，辛勤劳作。由于清明节后，大面积播种开始，农民急盼下雨，"春雨贵如油。清明前后一场雨，强如秀才中了举"。如果清明前后能够下一场透雨，对于农民来说是再好不过的事情了。

在清明节前一天有一个寒食节，往

清明图

往与清明节密不可分。

寒食节又称"禁烟节"、"冷节"。《荆楚岁时记》记载："去冬一百五日，即有疾风甚雨。谓之寒食，禁火三日。"即清明前一天或两天。这一天禁止烟火，只吃冷食。寒食节起源于改火，后来又传说发生于春秋时期，晋国公子重耳与介子推流亡列国，介子推割股肉供重耳充饥。重耳回国后为晋文公，介子推不求利禄，与其母隐居绵山。文公焚山以求其归，介子推与母共亡。晋文公为纪念介子推，把其殉难的这天定为寒食节。是日多以甜饧（麦芽糖）和冷粥干饼一起食用。即使是皇帝赐宴，也是冷菜冷馔。唐张籍的《寒食日内宴》"廊下御厨分冷食，殿前香骑逐飞球。千官尽醉犹教坐，百戏皆呈亦未休"就是最好的说明。

唐代开始盛行寒食节扫墓，悼念故去的先辈。后来寒食节与清明节合而为一，禁火冷食不传，而扫墓的习俗却一直保存至今。

清明节所在的四月又称为桐月，桐树开花是清明节的标志之一。四月初一为双蝶节，目的是纪念为了追求

寒食图

清明佳节

爱情而化为蝴蝶的梁山伯与祝英台，以便祈求美好的婚姻。初二人们开始踏青，初三为上巳节。祭祀高禖是上巳节最重要的活动之一，高禖相传是管理婚姻和生育之神。"禖"通"媒"，最初的高禖，据说是成年女性。事实上，远古时期一些裸体的妇女像有着非常发达的大腿和胸部，还有一个前突的肚子，这就是生殖的象征。辽宁地区红山文化遗址的女神陶像，就是生育之神。通过高禖和会男女等活动，除灾辟邪，祈求生育。从这种意义上说，上巳节又是一个求偶节，求育节。汉代以后，上巳节虽然仍是全民求子的宗教节日，但是有所变化。清明祭祖在各地都比较流行。祭祖活动有两种形式：一种是在家或祠堂祭祖先。汉族和一些少数民族自古以来就有祭祖的仪式，古代称合祭或祫祭，

指的就是在祠堂或太庙中祭祀远近祖先。另一种是上坟或扫墓，又称墓祭。陈文达《台湾县志》记载："清明，祭其祖先，祭扫坟墓，必邀亲友同行，妇女亦驾车到山。祭毕，席地为饮，薄暮而还。"

清明是我国三大鬼节之一。除了祭

祭祖

祖和扫墓外，人们因为畏惧野鬼孤魂，所以在扫墓之际，也分出一部分食品、酒和纸钱，给孤魂一定的安慰，一方面防止他们抢夺祖先的供品，另一方面，也为了防止孤魂干扰生者的生活。

清明节除了扫墓外，还有许多民俗活动，诸如春游、踏青、植树和插柳等。斗鸡、放风筝、荡秋千、击球等活动也很盛行。

十美图放风筝

六 谷雨

　　谷雨在阴历三月中，即三月二十四日前后，斗指癸为谷雨，相当于阳历 4 月 20 日前后，太阳到达黄经 30 度开始。谷雨旨在提醒人们抓住降雨时机，努力耕作。谷雨时节，雨水对农作物来说尤为重要。《月令》："三月中，自雨水后，土膏脉动，今又雨其谷于水也……盖谷以此时播种，自上而下也。"《管子》："时雨乃降，五谷百果乃登。"《群芳谱》："清明后十五日为谷雨，雨为天地之合气，谷得雨而生也。"谷雨的意思是"雨生百谷"。从这天起雨量增多，对谷物生长有利。

天帝布雨图

十二月采茶花歌

　　这个节气的特点是气温升高，开始多雨，有时候会出现彩虹，蚊虫也陆续活跃起来，因此有"谷雨是日萍始生"之说。水池内的浮萍也出现了。在生产上，开始种棉花，养蚕也进入一个关键时期，所以农民们迫切需要雨水，北方如果遇到久旱不雨，则会出现祈雨活动。商代甲骨文中以女巫求雨，汉代出现了天帝布雨画像石，当时人们认为雨水是由天神、雨师主宰，遇到大旱必须求助于神灵。在南方雨水不像北方那么奇缺，但是天气炎热，反映在生活上是人们喜欢喝茶，也比较关注茶叶的生产，人们相信茶由茶神——陆羽主宰。其实陆羽也是一位凡人，因为著有《茶经》一书，后世就把陆羽奉为茶叶行的祖师爷。在江南有专门的制茶工具和饮茶器皿，尤其是茶钵，它是古代最有代表性的加工茶叶的器皿。

谷雨期间，春风宜人，也是人们放风筝的季节，古人把阴历三月二十日定为风筝节。

谷雨期间，民间有祭拜太阳生日的仪式。太阳对于农业生产非常重要，没有太阳的普照，就不会有万物的生长和成熟。所以《太阳经》云："天上无我无昼夜，地上无我少收成。"由此可见太阳之于天地的重要性。

太阳生日的祭拜时间和方式各不相同。有的在清晨日出时开始；有的在正午时祭；有的面向东方焚香祭拜；有的设坛祭祀；有的地方向着太阳拜叩诵读《太阳经》。不论采用哪种方式，其目的只有一个——崇拜太阳。

陕西向水池地区传说仓颉发明了文字，此事感动了天帝，天帝向人间下雨，从而有了谷雨。当地建有仓颉庙，谷雨那天举行庙会，怀念文字始祖仓颉。

五毒虫神

夏

夏季节气

XIAJI JIEQI

一　立夏

　　立夏又称四月节，在阴历四月五日前后，斗指东南为立夏，相当于阳历5月6日前后，太阳到达黄经45度开始。《月令·七十二候集解》："立夏，四月节。立字解见（立）春。夏，假也。物至此时皆假大也。"作为夏季的开始，是有一定标准的，即连续五天气温在22℃以上才算进入夏天。

　　二十四节气每个节气太阳都移动15度。但是两节气的时间并不相等。相对来讲，夏季的间距要比冬季的长，其原因是地球绕日的轨道是椭圆形。夏季时地球最接近太阳，所以地面温度也最高。

　　在古代，立夏是一个比较重要的节气。首先皇帝要到南郊迎夏，祭神，尝新，举办宴会。《后汉书·礼仪志》：皇帝"迎夏于南郊，祭赤帝祝融，车旗、服饰皆

做天难做四月天

渔家乐

赤。"根据文献记载，立夏起三日，太史令祷告天子，天子斋戒沐浴，立夏之日，天子亲率三公九卿迎夏。其次，迎夏完毕，君臣聚集一堂，品尝夏时三鲜。三鲜指樱桃、稷麦和青梅。尝新前必须祭祀祖先及诸神，至今民间还流行着尝新节。第三，由于夏季炎热，吃不好，睡不安，一般人体重都会减轻，俗称"苦夏"。"苦夏"之时，有的地方用竹笋、芥菜和咸鸭蛋祭祀神明和祖先后，混煮后分食。因为这三种食物有去火去疹之功效，除了消暑之外，还可以预防疾病。民间提倡夏季进行食补，"头伏饺子二伏面"说的就是进补的食物。一些地区还流行定期为人们，特别是儿童称体重，称体重也叫"称人"。"称人"是立夏的重要活动之一。古代称重物非常不方便，立夏那天，古人特地准备好称人的工具，一般是把一根粗麻绳吊在大梁上，然后把一杆大秤的秤绳系在粗麻绳一端，男女老少每人抓住秤钩来称量体重。至于防暑的夏布、扇子、凉席等用品在全国各地的使用也是很普遍的。

立夏中除了迎夏等民俗活动外，主要的节日还有四月初八的浴佛节。浴佛节又称浴佛会、龙华会。传说中的佛祖释迦牟尼的生日是四月初八，此日僧尼皆香花灯烛，置铜佛于水中，进行浴佛，一般民众则争舍钱财、放生、求子，祈求佛祖保佑。这一天，各地举行庙会，佛寺举行佛诞进香。《洛阳伽蓝记·法云寺》："四月初八，京师士女多至河间寺。"她们一方面进香，另一方面也参加结缘等活动。结缘是以施舍的形式，祈求结来世之缘。《清稗类钞·时令类》："四月初八日为浴佛节，宫中煮青豆，分赐宫女内监及内廷大臣，谓之吃缘豆。"浴佛节期间，有些地方还有乞子活动。

田地的水肥管理，如果水肥跟不上，就会使小麦的产量减少，另外，还要防治小麦锈病的发生，及时给麦地喷洒农药。

西南地区在立夏前后，已经开始收割油菜和大小麦。"立夏三坂（麦、油菜、樱桃）"说的就是西南地区。

立夏时的农事活动，各地劳逸不均，有些地方主要是锄地，谚语云："立夏三朝遍地锄"、"立夏立夏，泡犁泡耙"、"立夏不下，犁耙高挂"。东北地区，主要是管理好冬、春小麦，及时给小麦除草松土。有些地方继续播种高粱和玉米；华北地区春播的秋季作物先后出苗，

给小孩称体重

薛宝钗持扇

这一时期，得抓紧时间查苗补苗，如果秧苗过稠或过稀，就得利用此时间苗、补苗、定苗。另外还要做好中耕除草防虫的工作。

立夏时节，华北地区大部分地方的小麦"立夏见麦芒"，小麦开始抽穗，随后就进入灌浆阶段。这一时期，这一地区又得开始水稻插秧。有些地方还得播种棉花和晚玉米。一旦玉米出土后，就得抓紧时间定苗、补苗，及时进行中耕追肥等农事活动。华中地区，立夏时节有的地方油菜已经收割完毕，开始为来年选种留种。华中南部、沿江一带的早稻已经栽插完毕，华中北部一些地方开始抢栽甘薯等。

立夏时节，除了农活外，还要从事副业生产。"乡村四月闲人少，才了蚕桑又插田"，这主要指长江中下游地区。

二　小满

　　小满在每年阴历四月二十一前后，斗指甲为小满，相当于阳历 5 月 21 日前后，太阳位置到达黄经 60 度开始。小满指的是，麦子籽粒已经饱满，但还没有完全成熟；南方种水稻的地区，小满前后水田里的水已经蓄满。《月令·七十二候集解》："四月中，物至于此小得盈满。"宋代《懒真子录》："小满在四月中，麦之气至此方小满而未熟。"《群芳谱》："小满，物长至此，皆盈满地。"

　　在小满时，各地农活较多，农民们都十分繁忙，由于我国地跨纬度较大，各地的农活也不同。

　　东北地区在小满期间，主要加强苗期管理，及时给农作物间苗、定苗，查苗补种或者移苗。为了保持农作物生长所需要的温度，必须定期拔草松土，以提高地温。另外，这一时期，天气变化异常，要做好人工防雹

围堤

蝗蛹蝗太尉

的工作，以防止雹子给农作物带来损失。

华北地区在小满期间，有"小满天赶天"之说。意思是说，小满的时候，这里的农民非常繁忙。春播已经结束，即将进入三夏大忙期间，全家一起动员起来，即使在外打工的人员也得回来，做好夏收前的一切准备工作。与此同时，要做好给麦地点种秋季作物的工作。因为夏收和点种同时进行或者间隔不长，如果没有抓紧时间，不能及时点种就会影响秋季作物的收成。

西北地区，给春小麦浇水、松土，防治病虫害，一些种植春小麦的地方，得抓紧时间给春小麦施肥。春玉米开始定苗、中耕除草等农活。

但是各地气候不同，作物生长相差较大，农活也不一样。以陕西省为例，就有三个气候地带，麦子的生长发育也不一样。如该省小满时麦子的长势情况是：陕北"小满麦扬花"，其地域与内蒙古、东北相近；关中地区则好一些，"小满麦满仁"，说明当地与小满节气相适应。汉中地区"麦到小满十日黄"，距离收割没有几天了。如果从陕西扩大到全国范围，小满时各地的气候更有差别了。这一点从谚语中就能看出端倪。黄河流域小满时"麦到小满尚未熟"，长江流域却是另一种景象，"麦到小满日夜黄"，说明收割的季节来临了。

华中地区的小满时节，所有人都非常忙碌。从南到北夏熟作物先后开始大规模收割，南部一些地方已经收割完毕，北部一些地方还得加强麦田的后期管理，重点是防御干热风，如果干热风防御不好，就会使小麦减产。在抢收的同时，得抓紧时间栽插中稻，同时给早稻田里注水施肥，防治螟虫等害虫。春玉米、高粱已经开始成长，得做好中耕除草培土的工作。棉花主要做好查苗、补缺、间苗、定苗等工作。与此同时，还要做好花生的田间管理。种植茶树和果树的地方，还得做好中耕除草追肥等工作。同时，各地容易发生虫灾，防虫活动较多。

有关小满的谚语也较多："小满不满，干断田坎。""小满不满，芒种不管。""蓄水如蓄粮"都与小满的特点有关系。

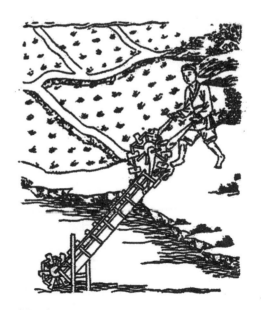

手推水车

三　芒种

芒种是在阴历五月初，多半在初七前后，斗指巳为芒种，相当于阳历6月5日左右，太阳到达黄经75度开始。芒种也称忙种，麦类等有芒的作物开始成熟收割，同时也是秋季作物播种的最繁忙时节。告诫农民得赶紧播种，否则悔之晚矣。

《周礼·地官》："泽草所生，种之芒种。"

《月令·七十二候集解》："五月节，谓有芒之种谷可稼种矣。"

明代《檐曝偶谈》："种之芒者，麦也，谓之有芒，麦也，至是当熟矣。"

《授时通考》："芒种，谓之有芒者，麦也，至是当熟矣。"

从上述文献可以看出：到了芒种，表现在农事活动中，一是麦子成熟了，得赶紧收割。谚语"麦到芒种谷到秋"、"芒种不收草里眠"就是告诫人们，麦子到了芒种就得赶紧收割了，不然麦粒就会散落在草里。二是除了收麦外，还得种大秋作物，如玉米、谷子、糜子等。所以此时又是三夏大忙季节。农谚"芒种忙忙种"、"田家少闲月，五月人倍忙"对此进行了很好的说明。但是具体到各个地区来说，也有所不同。东北地区，由于温度相对来说比较低，无论是冬小麦还是春小麦，才开始进入灌水施肥阶段，距离收割还有一段时间。西北地区，冬小麦主要进行防治虫病，给春玉米浇水，中耕除草。

华北地区、西南地区和华中地区都进入了三夏大忙时期。华北地区，夏收

秧马

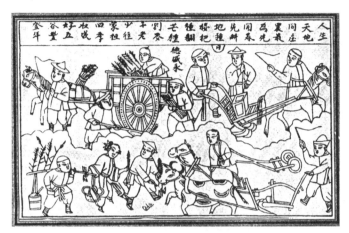

男十忙

女十忙

和夏种同时开始。"麦熟一响，龙口夺粮"、"夏种早一寸，顶上一茬粪"说的就是收割和下种都是非常重要的，任何一个都不能耽误。在做好夏收和夏种的同时，还得加强棉田管理，主要是喷洒农药，防治蚜虫，给棉田浇水施肥。

西南地区也比较忙碌，"芒种忙忙栽，夏至谷怀胎"、"芒种不种，种了无用"，因此，除了夏收之外，还必须抢种秋季作物，及时移栽水稻，要做到随收随耕随种。如果夏收作物成熟较晚，就得因地制宜，套种秋季作物，以保证秋收。华中地区的早稻管理也非常重要，此时早稻管理已经到了中后期，如果管理不当，就会影响水稻的产量，要根据稻苗的具体情况进行肥水管理。当地的中稻也要追肥，同时，要加强单季晚稻的田间管理，主要是除草等。华中北部的麦茬稻、江淮之间单季晚稻开始插栽，双季晚稻开始育秧，此时，主要防治稻田的病虫害。

相对来说，芒种期间，华南地区比较清闲。除了收获早玉米外，主要抓好早稻追肥、中稻耘田追肥等农活。种晚稻、晚黄豆的地方这时也可以播种了。

在江南出现的霉雨天，也是从芒种后开始的。每年六月上旬以后，在我国江淮流域一带出现一段阴沉多雨、温度高、湿度大的天气。这段时期，食物、衣物、器物、居室都容易发霉，人们称这种天气为霉天或霉雨。又因这一时期正是江南梅子黄熟的时候，所以又称为梅雨或黄梅雨。由于"霉"与"梅"同音相谐，所以称这段时期为"梅雨季"

包粽子

或"霉雨季"。把梅雨开始之日叫做入霉（梅），结束之日叫做出霉（梅）。历书上入霉、出霉日期是这样得出来的："芒种"后第一个丙日称为入霉；"小暑"后第一个未日称为出霉。入霉总是在6月6日到6月15日之间，出霉总在7月8日到7月19日之间。霉雨形成的原因是每年六七月间，南方暖空气势力增强，它已向北伸展到长江流域，因此时北方冷空气势力仍相当强，冷暖空气在江淮流域交界处形成一条静止锋，出现连阴雨天气。持续一段时间之后，随着南方暖空气进一步加强，最后暖空气逐渐控制了江淮流域，梅雨天气至此结束。

此外，在芒种繁忙季节，人们十分重视增加夏季饮食，如吃西瓜、香瓜，南方大多吃荔枝。各地还制作不少冷饮和冰品，目的是防暑健身，以便应付繁重的三夏劳动。

芒种多在端午节前后。端午节，又名端阳、重午、端五、重五、端节、蒲节、天中节、诗人节、女儿节。关于端午节的起源，

阔龙舟

比较通行的说法是楚国屈原五月五日投汩罗江自尽，人们为了纪念他，才有五月五端午节。但是近代学者的研究证明，端午节的许多活动早在屈原以前就存在了。端午节的起源可能是为了祭祀水神或龙神而举行的祀神仪式，后来各地又根据自己的历史文化，对端午节起源作了解释，其实纪念屈原是比较流行的说法。

四　夏至

　　夏至常在阴历五月二十三日左右，斗指乙为夏至，相当于阳历 6 月 22 日前后，太阳到达黄经 90 度开始。《礼记》："鹿角解，蜩始鸣，半夏生，木槿荣。"

　　这是夏至的基本特征。中国民间认为鹿角朝前生，属阳，夏至到，阴气盛而阳气衰，所以鹿角开始脱落。蝉又称知了，夏至后开始鸣叫。半夏为中药材，夏至后开始生长。在古代文献中，有不少关于夏至的记载：

　　《月令·七十二候集解》："五月中，夏，假也。至，极也。"

　　《汉学堂集解》引《三礼义宗》："夏至为中者。至

夏消亭荷

荷亭消夏

有三义：一以明阳气至极，二以明阴撮之始至，三以明日行之北至。故谓之至。"

夏至又称"日长至"、"日永"。夏至过后，阳光向南方移动。白昼渐短，黑夜渐长，"吃了夏至面，一天短一线"。古人为什么这样说呢？这里有一定的原因。

根据科学的解释，太阳直射北回归线时，即照到北纬23°27′处时，我国的广州汕头、广西的梧州、台湾的嘉义，均在北回归线上，这是太阳在一年内直射最北边的一天，也是北半球一年中白昼最长的一天。夏至以后太阳开始南移，白天就逐渐变短了，这就是"吃了夏至面，一天短一线"的原因。其中的"线"，指织布机的纬线，由于天变短了，农妇织布的时间就少了，一天之内必然少织一根纬线。这是非常形象的说法。

夏至是最古老的节气之一，也是一个重要节日，宋代曾有给官吏放假三天的制度，此时官吏可以回家团聚，度过盛夏。农历规定，夏至后第三个庚日开始入伏，第四个庚日为中伏的首日。夏至也有"九九歌"。谢肇淛在《五杂俎》中记录一首"九九歌"：

一九二九，扇子不离手。

三九二十七，冰水甜如蜜。

四九三十六，汗出如洗浴。

五九四十五，头戴秋叶舞。

六九五十四，乘凉入佛寺。

七九六十三，床头寻被单。

八九七十二，思量盖夹被。

九九八十一，阶前鸣促织。

夏至后第三个庚日入伏，"伏"是三伏（初伏、中伏、末伏）的总称，又叫"伏天"或"伏日"，它的意思是隐伏以避盛暑。此时天气最热，人们食欲不振，民间开始注意饮食补养，官府也停止办理公事。近人胡朴安《中华全国风俗志·仪征岁时记》："夏至节人家研豌豆粉，拌蔗霜为糕。馈遗亲戚，杂以桃杏花红各果品，谓食之不蛀夏。"所谓"不蛀夏"就是夏天不生病的意思。而北方人在伏天则吃烙饼，正如民谚所云："冬至饺子夏至面，三伏烙饼摊鸡蛋。"

防暑主要从以下几个方面着手。首先是多吃冷食、凉食以及瓜果；其次是多利用防暑工具。这里的防暑工具主要有雨伞、扇子、凉帽、凉席、竹夫人等等。饮茶、饮菊花等消夏茶也是防暑的方法之一。《清嘉录》卷六记载："三伏

此中国摄西瓜摊子之图也每逢夏季此瓜盛行之凉街市致有桦业用刀将瓜切块红禳黑子名曰榴火瓜白穰白子名曰三白其味甚甜去着止喝岑卖食之方使之极矣

卖西瓜

天街坊叫卖凉粉、鲜果、瓜藕、芥辣索粉、皆爽口之物。什物则有蕉扇、苎巾、麻布、蒲鞋、草席、竹席、竹夫人、藤枕之类，沿门担供不绝。……茶坊以金银花、菊花点汤，谓之'双花'。面肆添卖半汤大面，日未午已散市。"

除此之外，男人们喜欢在夏天游泳，妇女儿童喜欢戏水、养金鱼等活动。

夏至的雨水多雷阵雨，骤来疾去，范围较小。"夏雨隔牛背，乌鸦湿半翅"、"东边日出西边雨，道是无晴却有晴"说的就是夏至这一节气的气候特点。

夏至时节，天气非常热，全国各地的农活也有其特点。东北地区准备开始收割小麦，高粱、玉米、棉花、甘薯铲趟，稻田开始拔草。棉花开始中耕培土和追肥。华北地区，主要农活是定苗拔草；西北地区，冬小麦开

此中國拾氷水之圖也凡三伏特官斯門首搭
一蘆棚木硕盛凍水上置氷一塊棚上挂黃布
四塊鳴皇恩浩蕩民間詭拾寫善結良緣以為
往來人止唱

含冰水

始收割，春小麦还要做好防虫的准备工作，否则会影响小麦收成。西南地区，水稻插秧已经完毕。这个节气如果水稻栽不完就会出现"夏至不栽，东倒西歪"。因此，必须在夏至节气争分夺秒抢栽完水稻。华中地区也要抓紧时间栽插单季晚稻，同时加强双季晚稻秧田管理。华南地区此时正逢早熟早稻的收获时节，一方面收获早稻，另一方面，还得给中稻耘田追肥，继续播种晚稻。种植的玉米、早黄豆也到了收获的季节，所以，全体农民都紧急出动，抢收抢种。

五 小暑

　　小暑在阴历六月八日，斗指辛为小暑，又称六月节，相当于阳历 7 月 7 日前后，太阳到达黄经 105 度开始。

　　暑是炎热之意，小暑就是气候炎热还没有热到极点。《二十四节气集解》："温热之气而为暑。小者，未至于极也。"

　　小暑时的气候，有一定特点：一是雨水多，降水量大，正如谚语所说："小暑大暑，灌死老鼠。"民间为了使雨停止，往往在门上悬挂扫天婆，据说这样就可以使大雨停止。二是炎热，防暑已提上日程。三是台风飓风

六月弗借伞

扫天婆

肆虐，高拱乾《台湾府志》对此有过具体描写："风雨而烈未为飓，又甚者为台……台则常连日也，或数日而至。六、七、八月发者为飓。"

在小暑的前一天，即阴历六月六日为"姑姑节"。"六月六，请姑姑"。每逢农历六月初六，农村的风俗都要请回已出嫁的老少姑娘，合家团聚，好好招待一番再送回去。佛教与道教界还把六月初六日称为"天贶节"。"贶"是"赐赠"的意思。天贶节起源于宋真宗赵恒。据说某年的六月六日，宋真宗赵恒声称上天赐给他天书，遂定是日为天贶节，至今泰山脚下的岱庙还有一座天贶殿。

天贶节这天，我国南方一些地方的人们，在这天早晨全家老少互道恭喜，吃一种用面粉掺和糖油制成的糕屑，据说有"六月六，吃了糕屑长了肉"之说。还有"六月六，家家晒红绿"或"六月六，家家晒龙袍"之俗。这里的"红绿"或"龙袍"指的都是五颜六色的各样衣服。其实，江南地区，经过了芒种之前的黄梅天后，南方许多地方藏在箱底的衣物或放在书架上的书籍容易发霉，天晴的时候取出来晒一晒，可以避免霉烂或者防止虫蛀。汉朝的文献就有"七月七日曝经书及衣服，不蠹"的记载。魏晋南北朝沿袭这个习俗，直到宋朝才改到六月初六。明刘侗、于奕正

《帝京景物略·春场》："六月六日，晒銮驾。"

　　小暑期间江淮流域梅雨即将结束，盛夏开始，气温升高，并进入伏旱期；而华北、东北地区进入多雨季节。小暑前后南方应注意抗旱，北方需注意防涝。全国的农作物都进入了迅速生长阶段，需要加强田间管理。小暑前后，除东北与西北地区收割冬、春小麦等作物外，农业生产上主要是忙于田间管理。早稻处于灌浆后期，早熟品种大暑前就要成熟收割。中稻已拔节，进入孕穗期，应根据长势追施穗肥，促进穗大粒多。单季晚稻正在分蘖，应及早施好分蘖肥。双晚秧苗要防治病虫，插秧前施足"送嫁肥"。"小暑天气热，棉花整枝不停歇。""棉花入了伏，三日两遍锄。"大部分棉区的棉花开始开花结铃，生长最为旺盛，在重施花铃肥的同时，要及时除草、整枝、打杈、去老叶，以协调植株体内养分分配，增强通风透光，减少蕾铃脱落。盛暑高温

扫晴娘

是蚜虫、红蜘蛛等多种害虫盛发的季节，适时防治病虫也是田间管理的又一重要环节。

小暑开始，江淮流域的梅雨先后结束，我国东部淮河、秦岭一线以北的广大地区开始了来自太平洋的东南季风雨季，降水明显增加，且雨量比较集中；华南、西南、青藏高原也处于来自印度洋和我国南海的西南季风雨季中；而长江中下游地区则一般为副热带高压控制下的高温少雨天气，常常出现的伏旱对农业生产影响很大，及早蓄水防旱显得十分重要。农谚"伏天的雨锅里的米"，这时出现的雷雨，热带风暴或台风带来的降水虽对水稻等作物生长十分有利，但有时也会给棉花、大豆等旱作物及蔬菜造成不利影响。

六月亮经

六 大暑

大暑在阴历六月二十三日前后，斗指丙为大暑，相当于阳历 7 月 23 日或 24 日，太阳到达黄经 120 度开始。

大暑——炎热到极点，为一年中最炎热的时节。《月令·七十二候集解》记载："六月中，大暑，热也。就热之中分为大小，月初为小，月中为大，今则热气犹大也。"《通纬》曰："小暑后十五日斗指未为大暑。六月中，小大暑者，就极热之中，分为大小，初后为小，望后为大也。"

从上述记录可以看出，大暑进入伏天，炎热至极。

六月纳凉

斗茶

农谚云："冷在三九，热在三伏。""小暑不算热，大暑正伏天。"当时气温是全年的最高期，日照时间长，雨水也很充沛，各种农作物生长最快，《管子》"大暑至，万物荣华"说的就是这个意思。农谚"三伏不热，五谷不结"，从侧面反映了大暑期间，要想使农作物获得丰收，就必须有充足的热量才行。

在大暑期间，由于日照强，雨水多，雷鸣时常出现，大部分地区的旱涝、风灾也最为频繁，抢收抢种，抗旱排涝，预防台风和田间管理等任务都很重要。在民间也有许多风俗风情，民间发现雨下个不停，为了躲避洪灾的到来，农村妇女往往剪一个手持扫帚的纸人，佯做扫天状，此人就是民俗中常说

的扫天婆、扫晴婆，认为把它挂在房檐下，大雨就会停止。这种剪纸巫术活动在黄河流域相当流行。在东北地区为了止雨，往往把切菜刀丢于院内，据说下雨是"秃尾巴老李"作的孽，一旦把菜刀砍去，秃尾巴老李就收敛了，这样就会雨止天晴，躲过洪水。

"稻在田里热了笑，人在屋里热了跳。"大暑期间的高温对农作物生长十分有利，但对人们的工作、生活却有着明显的不良影响。一般来说，在高于35℃的炎热日子里，中暑的人明显较多；而在最高气温达37℃以上的酷热日子里，中暑的人数会急剧增加。特别是在副热带高压控制下的长江中下游地区，骄阳似火，风小湿度大，更叫人感

卖凉粉

凉粉凉粉三
文一碗倘嫌
不凉再加冰
块热中人愁
必心凉快
热中人饮之
必心凉快
（明）待哉卖

卖凉粉

到闷热难耐。由于天气炎热，防暑是这一时期的生活大事。古时候，人们一般要准备凉席，购买夏天穿着比较凉爽的衣服。同时准备好扇子，扇风防暑。在饮食上，北方人喜欢吃凉水捞饭，各种绿豆糕、绿豆羹也是这一时期的应时消暑食品。街上多有出售冰核者；湖南等南方一些地方，每伏的头一天，讲究吃"伏狗"、"伏鸡"，把子狗（小雄狗）和子鸡（小雄鸡）宰后洗净，伴以姜、蒜、桂皮等烹炒后食用，这样既可以去热解毒，又能够补充身体所需的养分，名曰"伏补"。南方街上多卖茯苓糕、茶叶等，其目的也是清热解毒。

在夏季消暑食品中，值得一提的是"凉粉"，它是用薜荔的果实制作而成的。具体方法是，把薜荔硬壳中有点黏性的种子取出来，放在事先准备好的布袋里，然后浸入冷水中，不断用手揉搓，这样种子中所含的胶质物渗出布袋后，经过半个多小时就会凝成半透明的"凉粉"了。它的颜色淡黄，呈半固体、半透明状，加入糖水和果汁，喝起来清凉可口。清代吴其濬的《植物名实图考》记载的"木莲即薜荔，自江而南皆曰'木馒头'，俗以其种子浸汁为凉粉以解暑"说的就是此事。

当时的游戏娱乐活动，主要是玩水戏和游泳，另外人们也玩捉蟋蟀、斗蟋蟀的游戏。

在农田生产上，大暑也是一个很重要的节气。在华中地区，"禾到大暑日夜黄"，春播的水稻和春玉米先后成熟，这是一年中最紧张、最艰苦的收获季节。俗话"早稻抢日，晚稻抢时"、"大暑不割禾，一天少一箩"，适时收割早稻，不仅可减少后期风雨造成的危害，确保丰产丰收，而且可使双晚适时栽插，争取足够的生长期。要根据天气的变化，灵活安排，晴天多割，阴天多栽，在7月底以前栽完双晚，最迟不能迟过立秋。"大暑天，三天不下干一砖"，酷暑盛夏，水分蒸发特别快，尤其是长江中下游地区正值伏旱期，旺盛生长的作物对水分的要求更为迫切，真是"小暑雨如银，大暑雨如金"。棉花

玩荷灯

花铃期叶面积达到一生中最大值，是需水的高峰期，如果田间土壤湿度过小就得灌溉，否则会导致棉花落花落铃。大豆开花结荚也正是需水临界期，对缺水的反应十分敏感。农谚"大豆开花，沟里摸虾"说的是，到大豆开花的时候，田里的土沟里蓄积的水里都可以摸到虾，由此可见水对这一时节的大豆的重要性。黄淮平原的夏玉米此时一般已拔节孕穗，是产量形成最关键的时期，需要根据水分多少的情况及早灌溉，严防"卡脖旱"之害。

在西北地区，人们深耕准备种植冬小麦的土地，给地里施基肥，浇灌伏水。开始给种植的玉米地里施肥，一些种植糜子的地方开始进行中耕、除草、灌水、施肥等农活。

戏水

秋

一 立秋

　　立秋是在农历七月十一日前后，斗指西南为立秋，相当于阳历 8 月 8 日前后，从太阳到达黄经 135 度开始。立秋就是暑去凉来，秋天开始的意思。此后气温逐渐下降。《月令·七十二候集解》："七月节，立字解见春，秋，揫也，物于此揫敛也。"《二十四节气集解》："秋，就也，万物成就也。"《逸周书》："立秋之日秋风至。"以上古籍说明了两个方面的问题：一是立秋后，天气凉了，但还不很冷，气候比较宜人，正如谚语所云："立秋止日凉风至"、"早上立了秋，晚上凉飕飕"；另一方面，立秋的时候，也是农作物快要成熟的时候。这在生产、生活上都有明显的表现。

雁南飞

太阴星君

首先是秋忙开始了。因为"立秋十日遍地黄"。大秋作物基本都成熟了，要人们去收割，而秋收同防盗一样，决不能误农时。割的割，运的运，打的打，到处都是喜人的丰收景象。因此宋代大诗人陆游说："四时俱可喜，最好祈秋时。"具体来讲，各地又有所不同。立秋前后，华北地区，春玉米、春谷子等大秋作物先后成熟，"立秋十天动镰刀"，一立秋，各地的农民们都做好收割秋季作物的准备。同时，棉田管理也很重要，"立了秋，把头揪"。指的就是打杈的情况。立秋后，得抓紧时间给棉花打尖，这样才能控制棉花疯长，加速裂铃吐籽。这一节气的气候适宜病虫的迅速繁殖和生长，适时做好防治病虫害

的工作也很重要。西南地区，得加强大秋作物的田间管理，促使其早熟，避免受到低温霜冻的危害，使之产量减少。华中地区，立秋前后主要工作是防治水稻螟虫。双季晚稻利用高温时期追肥中耕，加强田间管理。棉花开始打老叶，抹去多余的芽，防止棉花出现旱情或涝灾。同时，利用空闲时间，收割青草和野生饲料并晒干储藏。华南地区，中稻已经开始抽穗，所以要及时追施穗肥，晚玉米开始进行中耕、培土和追肥。

在生活上也有明显的变化。谚语曰："立了秋，把扇丢。"由于天变凉快了，夏天不离手的扇子也慢慢放在一边了，由于气温变低，晚上也可以睡个好觉了。但是气温变化异常，温差大，容

易得病，所以民间都喜欢把剪好的纸葫芦，或者挂、贴在墙上，或者以刺绣方式装饰在衣帽上，目的都是减灾去病。

在古代，立秋也是一个非常重要的节气。和迎春、迎夏一样，也有一系列的活动。《礼记·月令》："先立秋三日，太史谒之天子曰：某日立秋，盛德在金，天子乃齐。立秋之日，天子亲率三公、九卿、诸侯、大夫，以迎秋于西郊。还反，赏军帅武人于朝。天子乃命将帅，选士厉兵。"意思是说立秋的前三天，太史谒告天子某日为立秋日，于是天子先沐浴斋戒，到了立秋这天，天子亲自率领九卿诸侯大夫，到西郊迎秋。天子回朝后要犒劳军士，因为秋季也是选士练兵的季节。

在民间，老百姓在立秋日有许多风俗。东汉崔寔在《四民月令》里曰："朝立秋，冷飕飕；夜立秋，热到

七月七鹊桥会

头。"说的就是古人在立秋之日以此占卜天气的凉热。古人认为，立秋这天下雨是好事，是丰收的好兆头。古时私塾一般也都选在立秋这天开学，一般私塾门首大书"秋爽来学"四字，指的就是这意思。据传唐宋之时，百姓在立秋这天用秋水服食小赤豆。相传只要取七至十四粒小赤豆，以井水吞服，服时面朝西，就可以一秋不犯痢疾。关于立秋的活动，《东京梦华录·立秋》记载："立秋日，满街卖楸叶，妇女儿童辈，皆剪成花样戴之。是月，瓜果梨枣方盛，京师枣有数品：灵枣、芽枣、青州枣、亳州枣。鸡头上市，则梁门里李和家最盛。"这里说的"鸡头"不是平常能吃的鸡头，而是指鸡冠花，因为它是立秋前后的花卉，所以成为七夕节供奉祭拜的用品。

七夕节一般是立秋前后的节日。七夕节是中国传统的女儿节。相传七夕这天，是牛郎织女一年一次相会的时间。古人在七夕这天，都要祭拜月亮，讲述牛郎织女的凄婉故事。另外，还有乞巧等习俗。

二　处暑

　　处暑在阴历七月二十六日，斗指戊为处暑。处是终止的意思，表示炎热即将过去，暑气将于这一天结束，我国大部分地区气温逐渐下降。相当于阳历 8 月 23 日前后，太阳到达黄经 150 度开始。《月令·七十二候集解》："七月中·处，止也，暑气至此而止矣。"《群芳谱》："阴气渐长，暑将伏而潜处也。"《二十四节气集解》："处，止也，谓暑气将于此时止也。"明人郎瑛《七修类稿》也说："处，止也，暑气至此而止矣。"其间正值祭天，有不少祭祀活动。

　　这些记载说明，到了处暑，暑气渐渐藏起来，天气开始凉快了，三伏已完结或接近尾声，故有"暑去寒来"之谚。但在高寒山区则属例外，因为当地"六月暑天犹着棉，终年多半是寒天"。处暑前后，虽然已经入

天地之神

打稻图

秋，但有时还很热，"秋老虎，毒如虎"指的就是立秋到处暑这段时间。夏天天气炎热，人们要天天洗澡，立秋后也是如此。顾铁卿《清嘉录》："土俗以处暑后，天气犹暄，约再历十八日而始凉。谚云'处暑十八盆'。指沐浴十八日也。"

到了这个节气，大秋作物成熟了。也就是处暑第三候所说的"禾乃登"。这里的"禾"是黍、稷、稻、粱类的总称。"登"是成熟之意。东北地区开始收割糜子、谷子和早玉米。华北地区"处暑见新花"、"谷到处暑黄"，谷子、春玉米、高粱等作物先后成熟，各地都开镰了，有的地方打场、入仓。棉花也开始进行采摘，同时晚秋作物的管理也不可放松，"庄稼不收，管理不休"说的就是这个意思。西北地区，开始冬小麦的选种拌种工作，为播种做好前期的准备。西南地区，要充分利用晴朗的天气进行田间管理，要防止水稻出现病虫害，一旦出现就得及时喷洒农药，同时，要继续抢种秋季马铃薯，避免秋季低温的危害。华中地区，得抓紧整地，准备秋种。夏季甘薯开始结薯，得加强水肥管理，如果甘薯受旱对产量影响十分严重。从这点上说"处暑雨如金"一点也不夸张。此时，棉花正结铃吐籽，需要继续剪空枝、打老叶、抹赘芽。这时气温一般仍较高，阴雨绵绵，日照时间短会导致棉花大量烂铃。在改善通风透光条件的同时，适时喷洒波尔多液也有较好的防止或减轻烂铃的效果。沿江棉区早棉开始采收。同时，利用空闲时间，抓紧家畜秋季配种工作。

处暑之后，除华南和西南地区外，我国大部分地区雨季即将结束，降水逐渐减少。尤其是华北、东北和西北地区必须抓紧时间蓄水、保墒，以防止秋种期间出现干旱而延误冬作物的播种期，影响来年的收成。

处暑前后，全国各地都有不少节庆活动，如阴历七月十五为鬼节。鬼节又叫中元节，有的地方也称之为七月半。传说七月十五日是地官大帝的生日，每到这一天，都要打开阴间或地狱的大门，这样祖先、鬼魂四出，民谚说"七月半，鬼乱窜"说的就是这个意思。于是，这天有祭祖的习俗。

击稻图

另外，七月十五也是盂兰盆会。"盂兰盆会"是梵语音译，其原意是"救倒悬"。来源于"目连救母"。目连的母亲生前憎恨僧人，死后被打入地狱饿鬼道倒悬。身为释迦牟尼十大弟子的目连，不忍看到母亲忍受饥饿之苦，于是求救于佛祖，佛祖告诉他在七月十五日以盆盛百味五果，供养十方大僧，这样他母亲就可以"得脱一切饿鬼之苦"。于是形成盂兰盆会。

　　七月十五晚上有放河灯的习俗。放河灯是由寺院兴起的，后来传入民间。其目的，主要是安慰孤魂野鬼，送鬼回地狱，不让他们出来扰乱活人的生活。

三 白露

　　白露在阴历八月十二日，斗指癸为白露。此时因夜间较凉，近地面水汽在草木等物体上凝结为白色露珠，是天气开始转凉的意思。相当于阳历 9 月 7 号或 8 号，太阳到达黄经 165 度开始。历书说"斗指癸为白露，阴气渐重，凝而为露，故名白露。"《礼记·月令》："盲风至，鸿雁来，玄鸟归，群鸟养羞。"《二十四节气集解》："水土显气凝而为露。秋属金，金色白，白者露之色，

八月菊月

祭月

而气始寒也。"

谚语"过了白露节，夜寒日里热。"是说白露时白天夜里的温差很大。民间习俗认为白露节下雨是个不好的征兆，因此有农谚："白露前是雨，白露后是鬼。"

露水是白露的一大特征，露水的出现标志着天气转凉。"三伏适已过，骄阳化为霖。""白露秋风夜，一夜冷一夜。"说的就是这个意思。

白露气候对作物有一定影响，各地说法也不尽相同。试举几例如下：

"白露日晴，稻有收成。"

"白露天气晴，谷米白如银。"

"烂了白露，天天走溜路。"

"白露难得十日晴。"

"棉怕白露连阴雨。"

"白露下了雨，农夫无干谷。"

"三秋不如一秋忙。"

白露时节，由于早晚温差较大，所以一定要注意穿衣。"白露节气勿露身"，意在提醒人们此时白天虽然温和，但早晚气候已凉，如果打赤膊就容易着凉。白露时节，在饮食上也得多多注意。《难经》记载："人赖饮食以生，五谷之味，熏肤（滋养皮肤），充身，泽

祭月

毛。"在这一节气要预防秋燥。因为燥邪伤人，容易耗人津液，而出现口干、唇干、鼻干、咽干及大便干结、皮肤干裂等症状。要预防秋燥，可适当服用一些富含维生素的食品，也可选用一些宣肺化痰、滋阴益气的中药，如人参、沙参等，对缓解秋燥有良效，但是不宜服用过多。

白露时节，正是全国各地大忙时节。东北地区，开始收获谷子、高粱和大豆。一些地方开始采摘新棉。同时，要给棉花、玉米、高粱、谷子、大豆等选种留种，及时腾茬、整地、送肥，抢收小麦。华北地区，此时也是秋收大忙时节，各种大秋作物已经成熟，开始进行收获。秋收的同时，还得抓紧送粪、翻耕、平整土地等工作，及早做好种麦的准备工作。西北地区开始播种冬小

愿花常好

麦。西南地区到了白露时节，到处呈现忙碌的景象，因为"白露白茫茫，谷子满田黄"，水稻和谷子得抓紧时间收割。晚秋作物如玉米、甘薯等得加强田间管理，促使早熟，避免低温霜冻造成危害。华中地区，抓紧时间收割早、中水稻，夏玉米也开始收获了。棉花也分批采摘。晚玉米得加强水的管理。除此之外，得抓紧时间平整土地，为种麦做好准备。

白露节气里，也有许多民俗。秋社就是其中之一。秋社和春社都是古代祭祀土地神的社日。秋社一般在立秋后的第五个戊日举行，大约在立秋后四十余日，一般在白露、秋分前后，是一种欢庆丰收、祭祀神灵的喜庆活动。宋时有食糕、饮酒、妇女归宁之俗。唐韩偓《不见》诗："此身愿作君家燕，秋社归时也不归。"《东京梦华录·立秋》有所记载："八月秋社，各以社糕、社酒相赍送贵戚。宫院以猪羊肉、腰子、奶房、肚肺、鸭饼、瓜姜之属，切作棋子片样，滋味调和，铺于板上，谓之'社饭'，请客供养。人家妇女皆归外家，晚归，即外公姨舅皆以新葫芦儿、枣儿为遗，俗云宜良外甥。市学先生预敛诸生钱作社会，以致雇债、祇应、白席、歌唱之人。归时各携花篮、果实、食物、社糕而散。春社、重午、重九，亦是如此。"

白露过后三天，就是中秋节了，所以赏月、玩兔儿爷、吃月饼也是白露节气里的重要活动。八月十三日为尝新节，与中秋节有同样的目的。

祭兔成风

四 秋分

秋分在阴历八月二十八日，斗指巳为秋分，相当于阳历 9 月 23 日前后，太阳到达黄经 180 度开始。《春秋繁露》："秋分者，阴阳相半也，故昼夜均寒暑平。"《群芳谱》："到此而阴阳适中，当秋之半。"

按传统看法，立秋为秋季开始，立冬为秋季结束，秋分正居中间，"秋分昼夜平分"。秋分，《尧典》上称作"宵中"，"宵"是夜的意思。秋分和春分一样也是有两个意思：一是这一天昼夜相等，各为 12 小时，平分了昼夜；二是秋分居于秋季 90 天之半，平分了秋季。从此以后，太阳直射点向南移动，昼短夜长。

秋社

种麦

秋分以后，由于太阳直射地球的位置越过赤道，转向南半球，所以北半球获得太阳辐射热量将一天天减少，而地面向天空散发的热量，反倒因"秋高气爽"，云量减少而增加，所以散热很快。这时，来自北方的冷空气频频向下，天气逐渐转寒。秋雨之后，地表水分增多，这些水分蒸发又要吸收一些地表贮存的热量，于是就有了"一场秋雨一场寒"的农谚。

天文学上规定：秋分为北半球秋季开始。从秋分开始，我国大部分地区开始了秋收、秋耕和秋种的"三秋"工作。所谓秋收，《史记·太史公自序》记载："夫春生夏长，秋收冬藏，此天道之大经也。"但是因为气候等自然条件不同，各地秋收的情况也不同。

同庆丰收

东北地区，开始收割水稻、玉米、高粱、大豆和甘薯，分期采摘棉花的同时，也要做好田间选种留种以及播种冬小麦的工作。华北地区秋收工作已经进入末尾，"秋分麦入土"，根据纬度、地形等先后播种小麦。农谚有"白露早寒露迟，秋分种麦正当时"。麦子种得过早，温度高于20℃时，往往会造成麦苗冬前生长旺盛。叶茎过于繁茂，越冬易受冻害，种得过迟，温度低于10℃，麦苗冬前生长期过短，分蘖和根系生长不良，造成麦苗冬前细弱，不能积累养分，对越冬返青也不利。因此，必须依据当地的气候条件，因时因地种好小麦。西北地区，冬小麦山地开始播种，其他作物开始收割、脱粒。"秋分糜子寒霜谷，一过霜冻拔萝卜"，说的是，在西北地区，秋分一到，就开始收获糜子，到寒露的时候就可以收割谷子了，过了霜冻，就开始拔萝卜了，否则，萝卜就会受冻。糜谷应该在完全成熟的时候收获，"糜谷落镰一把糠"，说明糜谷没有完全成熟时收割就会造成秕粒，影响产量。西南地区比较忙碌，"九月白露又秋分，收稻再把麦田耕"，"三秋"大忙已经开始。抢收水稻和各种秋收作物的同时深耕土地，做到随收随耕随种冬小麦、油菜等夏收作物。秋耕可以改良土壤，保持水土，提高土壤肥力，清除杂草，减少病虫害。华中地区，单、双季晚稻继续抓好水浆管理，深耕细作，精选小麦种子，为种麦做好各种准备，大江南北油菜育种，北部地区油菜开始直播。育苗油菜播种比直播提前 10 天左右。

此时的气候，秋雨较少，其实雨多了并不好。《逸周书》："秋分雷始收声。"说的是到了秋分，一般也不打雷了。古人认为雷是由于阳气盛而发声，秋分后阴气开始盛，所以雷声也收了。大江南北，此时最怕多雨，否则会影响秋收工作。农谚说："秋雨连绵绵，全手不见半。"所以一定要抢晴收晒，排水防渍，把三秋工作做好。

秋分过后，就迎来了重阳节，登高、秋游、赏菊是该节的主要内容。

回娘家

五　寒露

重阳节过后，人们就迎来了寒露。该节气在阴历九月十四日，斗指甲为寒露，相当于阳历 10 月 8 日或 9 日，太阳到达黄经 195 度开始。"寒露"是反映天气现象和气候变化的节气。古籍《二十四节气集解》中曰："寒者，露之气，先白而后寒，周有渐也。"可见"寒"是表示露水更浓、天气逐渐由凉转寒之意。"寒露"时节，随着从西伯利亚来的冷空气势力的逐渐增强，我国大部分气温下降的速度加快，而且昼夜温差增大，有些地方开始出现霜冻。

《月令·七十二候集解》："九月节，露气寒冷，将凝结。"谚语"吃了寒露饭，单衣汉少见"。"吃了重阳饭，不见单衣汉。""吃了重阳糕，单衫打成包。"说的都是到了寒露前后，天气逐渐转凉，人们开始把夏天的衣服收拾起来。其间有两种重大的祭祀活动，一是祭祖，即在寒露前夕，必须祭祖先，送寒衣，另外是海神妈祖祭日。

寒露的主要物象是："鸿雁来；雀入大水为蛤；菊有黄华。""大雁不过九月九，小燕不过三月三。"这里的小燕指的是燕子，它们每年三月三前后从南方飞到北方。到了寒露前后，大雁开始从北向南飞，准备过冬。"雀入大水为

采果子

犁地

蛤"，这里的"大水"指的是大海。由于古人缺乏科学知识，不知道雀鸟是候鸟，所以认为冬天的雀鸟离开北方后，不是南飞，而是潜入水中，变成了海里的蛤贝等。古人之所以这样认为，主要是他们观察到海边的蛤蜊和贝壳的条纹色泽与雀鸟的花纹颜色相似，所以才认为蛤蜊和贝壳由鸟雀所化。虽然现在看来此说完全为无稽之谈，但是从另一方面也说明了我们的古人具有丰富的想象力。"菊有黄华"说的是，到了寒露前后，菊花开花。菊花是中国的传统名花，它隽美多姿，然不以娇艳姿色取媚，却以素雅坚贞取胜，盛开在百花凋零之后。人们爱它的清秀神韵，更爱它凌霜盛开，西风不落的一身傲骨。中国赋予它高尚坚强的情操，以民族精神的象征视为国粹受人爱重。菊作为傲霜之花，一直为诗人所偏爱，古人尤爱以菊明志，以此比拟自己的高尚情操，坚贞不屈。晋朝大诗人陶渊明以隐居出名，以诗出名，以酒出名，也以爱菊出名。后人争相效之，遂有重阳赏菊之俗。旧时文人士大夫，还将赏菊与宴饮结合，以求和陶渊明更为相近。

中国人极爱菊花，从宋代民间就有一年一度的菊花盛会。古代神话传说中菊花又被赋予了吉祥、长寿的含义。如菊花与喜鹊结合表示"举家欢乐"，菊花与松树组合为"益寿延年"等，在民间应用极广。当时也是荷花盛开，是采莲的季节。

"寒露时节天渐寒，农夫天天不停闲。"本节期间，降水明显减少，有些年份则无降水，有的年份冬季风迟迟不来，夏风仍较盛行，造成秋雨连绵。多数年份光照充足，是全年日照率最高的节气，素有秋高气爽之称。相对来说，此时气温较低，有了寒气，但是比较适合秋播秋种。"过了寒露无生田。""寒露种麦，十有九得。""白露种高山，寒露种平原。""小麦种在寒露口，种一碗收一斗。""寒露蚕豆霜降麦"，"寒露时节人人忙，种麦、摘花、打豆场"，"寒露畜不闲，昼夜加班赶，抓紧种小麦，再晚大减产。"等等，说的就是这个意思。

寒露时节，各地农忙也有所不同。华北地区，麦子已经下种，主要收获水稻、棉花、荞麦、甜菜等。除此之外，利用农闲时间，做好植树造林的工作。华北地区，从南到北，从秋分到寒

农忙图

露这段时间，各地都在深翻土地，精选良种，抓紧时间播种小麦。西北地区，各地开始播种冬小麦的同时，利用农闲时间平整土地，"九月寒露天渐寒，整理土地莫消闲"，为来年春播做好准备。西南地区，在寒露前后秋风秋雨比较频繁，所以要抓紧利用晴好天气抢收水稻、玉米和豆类作物，同时对晚熟作物加强田间管理。"寒露油菜霜降麦"，此时，得抓紧时间播种油菜、豌豆等作物。华中地区，早熟单季晚稻即将成熟，为收割做好准备工作。双季晚稻处于灌浆期，需要进行间歇灌水，保持田面湿润。北部地区开始播种冬小麦，沿江地区播种油菜等作物。在做好以上工作的同时，还要利用闲余时间为过冬的牲畜准备好饲草。自从进入秋季以后，天气渐渐凉爽起来，人们开始饮食上的进补，这就是人们常说的秋补，吃得比以前好一些，以便把枯夏的损失补回来。此外，这一时期还有登高、赏菊、喝菊花酒等活动。

六　霜降

"霜降"是秋季的最后一个节气，"霜降"是反映天气现象和气候变化的节气。农历九月二十六日，斗指巳为霜降，相当于阳历 10 月 23 日前后，从太阳到达黄经 210 度开始。其物象是豺乃祭兽，草木黄落，蛰虫咸俯。《二十四节气集解》："气肃而霜降，阴始凝也。"由此可以看出"霜降"表示天气逐渐由热变冷，开始降霜了。其实霜并不是从天上降下来的，而是露水遇到寒冷的阴气凝结而成的。只有当地表温度到达零度以下，地表的水汽又有一定含量，才会形成坚硬的小冰晶，人们把这种小冰晶叫作霜。气象学上，一般把秋季出现的第一次霜叫做"早霜"或"初霜"，而把春季出现的最后一次霜称为"晚霜"或"终霜"。从终霜到初霜的间隔时期，就是无霜期。

霜降时节降不降霜，对农业生产很重要。中原农谚"霜降见霜，米烂陈仓；霜降不见霜，贩米人像霸王"说的就是这个意思。霜降这天如果降霜，来年丰收的谷子多得吃都吃不完，甚至会烂在粮仓里；霜降这天如果不降霜，来年庄稼就会歉收，粮贩子就会像霸王一样，粮食的价格反而居高不下。

霜降前后，全国各地的农活与三夏大忙相比虽然有所减少，但是也各有特点。东北地区的农民抓紧最后的时间收获棉花，继续秋翻耕压土地。同时利用闲余时间，开展副业生产，抓紧时间采集中药材、野果和树种等。华北地区在霜降来临之前，抓紧时间刨收花生和山药，否则就会受冻，影响产量和收成。同时抓紧时间进行秋耕。"秋耕深一寸，顶上一茬粪"，秋耕不仅能改变耕地结构，还有助于灭虫害，由此可以看出秋耕的重要性来。西北地区，霜降来临之际，农活相对来说比较少，主要是给冬小麦灌溉，"冬麦浇好越冬水，夜冻日消时进行"。山区则抓紧收柿子，做好冬藏。闲余时间，兴修水利，从事农田基本建设。西南地区，秋耕、秋种进入紧张阶段。一方面翻犁板田、板土，继续抓紧时间播种大麦、小麦、油菜、豌豆等作物，另一方面，抢收甘薯等晚秋农作物，争取在"早霜"来临之前抢收完毕。"霜降前，苕挖完。""寒露早，立冬迟，霜降挖。"都是指挖甘薯的农谚。华中地区的农活比较忙，"霜降不打禾，一夜丢一箩"，"霜降不割禾，一天少一箩"，霜降来临之际，如果不抓紧时间抢收晚稻，就会使水稻减产，同时也要抓紧时间抢收晚玉米、甘薯等。华中中部地区及沿江地区开始播种小麦，淮北地区抓紧抢收晚麦。需要种植油菜的地区得抓紧最后的时机进行播种，否则，一过霜降，油菜就难以下种，已经下种出苗的油菜得加强田间管理，棉花的收摘也到了最后阶段，争取把所有棉铃都采摘下来。茶园管理也到了最后阶段，一方面采收茶籽、选种留种，新茶园整地播种，培土壅根。以上工作完成后，就可以腾出大量的人力来进行林区基本建设，采集树种和造林。华南地区也很忙碌，一方面开始收割中稻、晚玉米、甘薯、花生等农作物，另一方面开始播种冬小麦。

农谚云："千树扫作一番黄，只有芙蓉独自芳。"意思是说，到了霜降的时候，各种花草遇到霜以后，开始落叶枯黄，唯有芙蓉还散发着诱人的芳香，所以，霜降前后是人们观赏芙蓉的季节。但北方则是菊花盛开季节。

此中国烧包袱之图也每年清明又七月十五日十月初一日各住户供包袱内装烧纸银锭上写上三代名字晚辈祭之也

烧包袱

烧纸锭

　　霜降已是九月末，十月初一为寒衣节，在汉族地区流行祭祖，为亡人送寒衣，北京称"烧包袱"，这样做的目的是怕亡人在阴间受冷挨冻。旧时，在十月初一这天祭扫祖墓，要在坟前焚烧纸糊竹扎的衣服鞋帽，意谓冬季来临，气候渐渐变冷，阳间的亲人要为阴间的鬼魂送衣取暖。根据南宋孟元老《东京梦华录》记载，北宋时在夏历九月下旬即有"卖冥衣靴鞋帽衣缎，以十月朔日烧献"之俗。明朝刘侗、于奕正在《帝京景物略》中记载："十月一日，纸肆裁五色纸，作男女衣长尺有咫曰寒衣。夜奠呼而焚之门曰送寒衣。"十月初一"送寒衣"之俗，元、明、清历代相承，只不过所焚"冥衣"，或为竹扎纸糊，或为剪纸加色，或为刻板印刷品，越来越简化了。

　　在北方初冬喜欢冬猎，小孩则玩攀杠子、瞎子摸鸡等。

冬

冬季节气

DONGJI JIEQI

冰神

一　立冬

　　立冬是冬季的第一天，"立"有"见"之意，"立冬"就是秋去冬续之意，在阴历十月十五日，斗指西北为立冬。相当于阳历 11 月 7 日前后，太阳到达黄经225 度开始。"立冬"是反映季节变化的节气。《吕氏春秋》："立，建始也。"《逸周书》："立冬之日，水始冰，地始冻。"《群芳谱》："冬，终也，物终而皆收藏也。"就是说，到了"立冬"，不仅各种作物应该收获，而且应晒好、贮藏好。由此可见，我国自古以来，就有"秋收冬藏"之说。《东京梦华录·立冬》对冬藏有所记载："是月立冬前五日，西御园进冬菜。京师地寒，冬月无蔬菜，上至官禁，下及民间，一时收藏，以充一冬食用。于是车载马驮，充塞道路。时物：姜豉、馎子、红丝、末脏、鹅梨、榅桲、蛤蜊、螃蟹。"

　　立冬在古代是一个重人的节气，历代都有隆重的迎

卖冬菜

冬典礼。《礼记·月令》："是月也,以立冬。先立冬三日,太史谒之天子曰:某日立冬。盛德在水,天子乃齐。立冬之日,天子亲率三公九卿大夫,以迎冬于北郊。还反,赏死事,恤孤寡。"

立冬以后,天气渐渐变冷,民间有"立冬进补"之说。立冬是农历二十四节气之一,是我国气候暑往寒来的一个分界线,立冬之前是为深秋,立冬以后,严寒将至。为适应气候季节性的变化,增强体质以抵御寒冬,立冬日便进行"补冬"。民谚有云:"立冬这时饮水也有补",反映民俗对"补冬"之重视。出嫁的女儿,在立冬之日也给父母送去鸡、鸭、猪蹄、猪肚之类营养品,让父母补养身体,以表对父母孝敬之心。

好大糖葫芦

　　立冬过后，气候转寒，天气一天比一天冷，而且有
的地方开始下雪和地面结冰，但夜冻日融。天气的变化
并不都是突然的，在这个时期常有一段"回暖期"，也
就是人们常说的"十月小阳春"。此时全国各地的农活
比较少。东北地区，继续翻耕压土地，组织人力进行冬
灌。华北地区，土壤日消夜冻，此时给麦地浇水最好，
"不冻不消，浇麦偏早；只冻不消，浇麦晚了；夜冻昼
消，浇麦正好。"趁土壤没有完全封冻以前，抓紧时间

观梅

秋耕。"秋冬耕地如水浇，开春无雨也出苗。""冬天耕下地，春天好拿苗。""粮田棉田全冬耕，消灭害虫越冬蛹。""冬天把田翻，害虫命'归天'。""冬耕灭虫，夏耕灭荒。""秋冬多耕地，来年多打粮。""土地耕得深，瘦土出黄金。"从以上农谚可以看出秋耕的重要性。西北地区，给冬麦灌水，追施盖苗肥。西南地区，加速秋耕、秋种的进度，完成大麦、小麦、油菜以及其他夏收作物的播种任务。及时抢收晚玉米、甘薯和其他晚秋作物，防止低温霜冻的危害而造成作物的减产。华中地区，"三秋"作物到了收尾阶段。甘薯已经入窖，充分做好降温保温工作。此时，小麦已经出苗，要做好查苗补苗工作。南部地区和沿江一带，争取在很短的时间内抢收完小麦。

有关立冬的农谚较多：

"立冬收仓库，小雪地封严。"

"立冬不拔葱，落了一个空。"

"立冬不出菜，冻死也无怪。"

"立冬收萝卜，小雪收白菜。"

"立了冬，只有梳头把饭工。"

"立冬先封地，大雪先封船。"

　　"立冬晴过寒，勿要把柴积。"

　　"冬天少农活，草料要斟酌，粗料多，精料少，但是不能跌了膘。"

　　"立冬小雪到，鱼种池塘管理好，组织劳力积肥料，来年饵料基础牢。"

吃螃蟹

二 小雪

小雪在阴历十月三十日，斗指巳为小雪，相当于阳历 11 月 23 日前后，太阳到达黄经 240 度开始。《群芳谱》曰："小雪气寒而将雪矣，地寒未甚而雪未大也。"这就是说，到"小雪"这个节气时，由于天气寒冷，降水形式由雨变成雪，但此时由于"地寒未甚"，故降雪量还不大，所以称为小雪。

随着冬季的到来，气候渐渐变得寒冷起来，不仅地面上的露珠变成了霜，而且天空中的雨也变成了雪花，下雪后，大地披上洁白的素装。但由于此时的天气还不算太冷，所以下的雪常常是半冰半水状态，或者落到地面后立即融化了，气象学上称之为"湿雪"；有时还会雨雪同降，叫做"雨夹雪"；还有时降如同米粒一样大小的白色冰粒，称为"米雪"。

本节气降水依然稀少，晨雾比上一个节气更多一些。降水稀少远远满足不了冬小麦的需要。

关于小雪的农谚也不少：

"小雪大雪不见雪，小麦大麦粒要瘪。"

"小雪封地，大雪封河。"

丰雪瑞丰

瑞雪丰年

围猎图

"小雪封地地不封，大雪封河河无冰。"

"小雪封地地不封，老汉继续把地耕。"

"早晚上了冻，中午还能耕。"

"小雪不把棉柴拔，地冻镰砍就剩茬。"

"十月里来小阳春，下场大雪麦盘根。"

在全国范围内，小雪时节虽然不太忙碌了，但是各地也有所不同。东北地区，开始给牲畜防寒，给果树绑扎布条等，有利于果树安全过冬。华北地区，此时开始收获白菜，否则就会受冻，"小雪不起菜（白菜），就要受冻害。""小雪不砍菜，必定有一害。"说的就是这个道理。收回来的白菜也要及时储藏，"葱怕雨淋蒜怕晒，大堆里头烂白菜"。否则，白菜就会烂掉。西北地区，这一节气主要是兴修水利，积肥造肥。西南地区相对来说要忙一些，因为秋播已到了最后时期，如果播种太晚，就会影响作物的生长。对已经播种的农作物要加强

踢毽子

田间管理，及时中耕、培土、施肥，以利于庄稼越冬。

另外，有些地方利用农闲时节，进行植树造林活动。"大地未冻结，栽树不能歇。""小雪虽冷窝能开，家有树苗尽管栽。""到了小雪节，果树快剪截。"

小雪时节，气候开始变冷，人们的生活节奏已经缓慢下来，古人则流行赏雪，堆雪人。一般男子喜欢出去冬猎，妇女、老人则忙于纺织、编织。南方则忙于榨糖。小雪期间，开始准备过年，如磨刀、杀年猪、做年糕等。游戏有踢毽子、踢球、击壤等。

三 大雪

　　大雪在阴历十一月十四日，斗指甲为大雪，相当于阳历 12 月 7 日前后，太阳到达黄经 255 度开始。文献记载如下：

　　《礼记·月令》："冰益壮，地始坼，日短至，阴阳争，诸生荡。"

　　《月令·七十二候集解》："十一月节，大者盛也，至此而雪盛矣。"

　　《群芳谱》："大雪，言积寒凛冽，雪至此而大也。"

　　《二十四节气集解》："大者已盛之辞，由小至大，亦有渐者。"

　　从字面上看，到了大雪节气，雪愈下愈大，胜于小

抟雪成佛

入仓

雪。大雪的意思是天气更冷，降雪的可能性比小雪时更大了，并不指降雪量一定很大。据气象学测定，当时日降雪量平均在五毫米以上，能见度为 500 米左右。民间保留的农谚，对大雪有极其生动的描述：

"大雪年年有，不在三九在四九。"

"大雪不渣河，架不住风来磨。"

"大雪交冬令，冬至一九天。"

"大雪天已冷，冬至换长天。"

"大雪小雪，烧火不熄。"

"大雪遍地白，冬至不行船。"

"大雪大捕，小雪小捕。"

"大雪纷纷在年关，来年是个丰收年。"

"大雪纷纷是旱年，造塘修仓莫再闲。"

"大雪交冬月，冬至白祭天；小寒忙买办，大寒过新年。"

"大雪雪满天，来年必丰年。"

"今冬麦盖三尺被，明年枕着馒头睡。"

"瑞雪留得久，来年兆丰年。"

大雪期间的农事活动，主要是积肥送肥，修田搞水利，护理牲畜，植树造林，入仓，进行冬灌。"不冻不消，冬灌嫌早；光冻不消，冬灌晚了；又冻又消，冬灌正好。"这些谚语是指导冬灌的重要指针。在全国各地又有所不同。西北地区和华中地区比较忙碌。西南地区，小麦进入分蘖期，应该及时进行中耕，施分蘖肥。油菜田地里也应该均苗、补苗、定苗。华中地区，小麦开始越冬，应该提早施肥，适当压麦田，以减轻地表裂缝，防止漏风、跑墒和冻害等。

这一节气，天气更加寒冷，在生活上，必须穿好冬装，防止冻疮。室内要经常生火，防止寒气侵入。如果下雪，人们会走出户外赏雪、堆雪人。有些人外出进行冬猎，当时也是赏梅的季节。

打滑挞

四 冬至

冬至在阴历十一月二十九日，斗指子为冬至。因为当天为白昼最短夜里最长，所以又称"日短"、"冬节"、"至节"、"长日"。相当于阳历 12 月 22 日，太阳到达黄经 270 度开始。

在古代，"冬至"是二十四节气中最重要的一个节气之一。古代文献对冬至的记载较多，《月令·七十二候集解》："十一月中，冬藏之气，至此而极也。"《通纬》："阴极而阳始至，日南至，渐长至也。"《二十四节气集解》："阴极之至，阳气始生，日南至，日短之至，日影长至，故曰冬至。"

这一天，北半球各地的太阳高度角最低，是一年中白天最短、日照时数最少的一天，所以"冬至"又叫"日短至"。过了"冬至"，白天开始一天天变长，夜晚一天天缩短，故有"冬至一阳生"之说。

对冬至节气的变化，有一句最典型的谚语："吃了冬至面，一天长一线。"前一句比较容易理解，后一句"长一线"是什么意思呢？《荆楚岁时记》云："魏晋间，宫中以红线量日影，冬至后，日影添长一线。"《唐杂录》记载："唐宫中以女工揆日影之长短，冬至后，日晷渐长，比日常增一线之工。"这就是说，由于每天都长一点，织女可一天多织一根纬纱，即"长一线"，后来宫中

圆圈消寒图

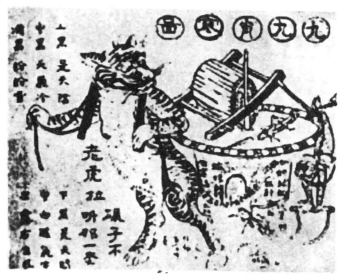

九九消寒图

测日影也以多织一个纬纱的尺度。所以也就有了"冬至当时归三刻，拙女多纳三针线"之说。

远在周代，以冬至为岁首，其前一天为除夕，因此冬至为一年中的大节，后来虽然改变了岁首，但冬至的地位依然很重要。汉族喜欢吃冬至面，吃冬菜。台湾各族喜欢吃汤圆，当地有两种汤圆可吃，他们认为"不吃金丸（红）、阴丸（白），不长一岁"。吃饺子则是全国各地的习惯，认为冬至这天如果不吃饺子，就有可能在寒冷的天气里冻坏耳朵。

在冬至时要祭天祭祖，以便感激天神和祖先护佑农业丰收。学校、读书人则要祭孔。

《周礼·春官》曰："以冬日至，致天神人鬼。以夏日至，致地祇物魅。"意思是说，冬至要祭天神，夏至要祭地神，这一仪式是自古以来到清末一直遵循的国家大礼。明成祖迁都北京后所建的城南天坛，就是皇帝祭天的地方。

各地都流行口头流传的"九九歌"，自北而南列举若干：

一九二九，冰上走；三九四九，冻死老狗；五九买年货；春打六九头；七九河开；八九雁来；九九春分到，庄户把地耪。（吉林）

一九二九，灶炕湿朽；三九四九，冻死对口；五九六九，穷汉伸手；七九河开；八九雁来；九九加一九，黄牛遍地走。（辽宁）

一九二九，不出手；三九四九，冰上走；五九六九，河边看杨柳；七九河

冻开；八九燕子来；九九加一九，耕牛遍地走。（北京）

一九二九，吃饭温手；三九四九，冻破碓臼；五九六九，沿河插柳；七九八九，访亲看友；九九八十一，农忙不休息。（江西）

一九二九，背起粪篓；三九四九，拾粪老汉沿路走；五九六九，挑泥挖沟；七九六十三，家家把种拣；八九七十二，修车装板儿；九九八十一，犁耙一齐出。（江苏）

一九二九，不出手；三九二十七，芽头如笔立；四九三十六，夜眠水上

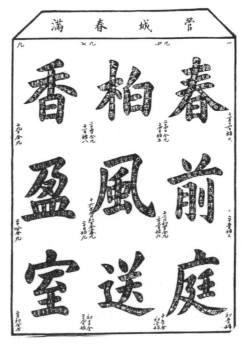

文字消寒图（一）

文字消寒图(二)

宿；五九四十五，太阳开门户；六九五十四，黄狗看阴地；七九六十三，破棉袄用扁担担；八九七十二，鲤鱼跳过滩；九九八十一，犁头闸田缺。（浙江）

一九二九，怀中揣手；三九四九，冻死猪狗；五九六九，沿河看柳；七九六十三，行路把衣宽；八九七十二，猫狗卧阴地；九九八十一，庄稼汉在田中立。（四川）

上述所列"九九歌"，不仅能看到各地入九后气候的异同，还能看到各地的风俗民情，再次表明节气中保留的口头文学，是一种重要的文化载体。

另一项活动是绘制消寒图，此俗相传为宋代文天祥所发明。文天祥在广东海丰五坡岭被俘后，关押在北京，正值数九寒天。文天祥在牢房的墙上，画了一个 81 格的图，用墨一天涂一格，寓意严冬必尽，春日必归的信念。民间流行的"消寒图"有多种多样，比较流行的有文字消寒图、圆圈消寒图、梅花消寒图、泉纹消寒图、四喜人消寒图、葫芦消寒图等等。

五　小寒

　　小寒在阴历十二月十五日，斗指戊为小寒，相当于阳历 1 月 5 或 6 日，太阳到达黄经 285 度开始。《逸周书·时训解》："小寒之日，雁北乡，又后五日，鹊始巢；又后五日，雉始雊。"意思是说大雁开始从南向北飞翔，喜鹊也来居住了，鸡也开始啼叫了，也就是小寒处于四九时，阳气开始回动。

　　从我国气象上说，似乎小寒和大寒是最冷的两个节气，这种说法是不错的，但又认为大寒比小寒还要冷，那就不对了。实际上小寒比大寒冷，小寒指每年阳历 1 月 5 或 6 日至 20 或 19 日，大寒指每年阳历 1 月 21 或 22 日到 2 月 3 或 4 日。我国除沿海局部地区外，一年中最低的旬平均温度是 1 月中旬，正处于小寒节气内，

写春联

玻璃圆印列意
摇花样新若画
屏栽明洁凝辉
室虚白平原相
映嫩莎青𥳑陛

卖年货

而大寒已进入 1 月末。为什么小寒比大寒冷呢？一个地方气温的高度与太阳光的直射、斜射有关。太阳光直射时，地面上接受的光热多，温度就高，这是主要原因；其次，太阳斜射时，光线通过空气层的路程要比直射时长得多，沿途中消耗的光热就要多，地面上接受的光热少，温度当然也就低了。冬天，对于北半球，太阳光是斜射的，所以各地天气都比较冷。冬至前后虽然太阳光斜射最厉害，但是由于夏季以来，地表层积累的热量可以补充大量放热的散失。小寒期间，需得量和放出的热量趋于相等，也就是地表层贮存热量最少。所以，小寒节气天气最冷。这类似于一天中最高温度不是出现在中午而是在下午

2 点左右的原因。小寒过后，温度逐渐增加，所以大寒的平均温度反而比小寒略高。

反映小寒的农谚不是很多，但也有一些，如：

"小寒大寒，冷成冰团。"

"小寒大寒，冷水成团。"

"小寒忙买办，大寒就过年。"

"小寒大寒，一年过完。"

"小寒交九不收，大寒冰上行走。"

"小寒节日雾，来年五谷富。"

从上述谚语看出，小寒是最冷的节气。雪下得多了，人们也玩起了打雪仗、堆雪人游戏。当时正逢腊八节，所以流行吃腊八粥，进行傩戏表演或驱疫活动。当时的节令食品有烤白薯、糖炒

春贴佣书

栗子，卖糖葫芦的也多了起来。进入腊月后，人们开始置办年货了。

小寒期间，广大农村都积极准备年货，除自产自制的年猪、年糕外还开列购年货清单，到集市购神马、红纸、年画、鞭炮、糖果、彩灯。一些文弱书生走街串巷，去为主顾写春联、卖书画、卖乐器。

在家庭内，广大妇女为了迎接新春，都大量剪纸，或者从市场上购万年青等花草，将室内布置一新，颇有节日气氛。人们也喜欢到街市上购买糖炒栗子、烤白薯，这些都是颇有特色的冬季食品。

此中国做潮烟之图也京中烟铺将烟叶子抱剪揉成方块用纸银子成绿名曰造潮烟也

磨刀

六　大寒

　　大寒在阴历十二月二十日，斗指癸
为大寒，相当于阳历 1 月 20 日前后，
太阳到达黄经 300 度开始。《授时通
考·天时》引《三礼义宗》："大寒为中
者，上形于小寒，故谓之大。寒气之逆
极，故谓之大寒。"《群芳谱》："大寒，
寒威更甚。"

卖灶元宝

村社迎年

唐代诗人孟浩然有一首《苦寒吟》：

天寒色青苍，北风叫苦桑。

厚冰无裂纹，短日有经光。

这首诗生动地描述了大寒的景象。据科学测定，当气候即五天平均气温在零度以下，即进入严寒季节，农家做年糕，继续办年货。

描述大寒的谚语较多：

"小寒大寒，冷成一团。"

"大寒见三白，农人衣食足。"

"冬天比粪堆，来年比粮堆。"

"苦寒勿怨天雨雪，雪来遗到明年麦。"

爆竹生花

"大寒过年。"

"大寒凛冽在年关。"

在农谚中有一句"大寒过年",说明到了大寒就过年了。但是过年应该是从腊月二十三祭灶开始,历史传说以黄羊祭灶,把灶神送上天,向玉皇述职。民间还流行跳灶风俗,既是悦神,又是年节喜庆娱乐。到了除夕,全家团聚,祭祖,吃年夜饭,无论是个人还是村社,都积极迎年,挂春联、贴年画和门

耍龙灯

三里之遠每人給錢三百文
內放有來往人坐之其人以繩拉之行走一
凍冰時其人以木做成床下按鐵條二根在河
此中國拉冰床之圖也京都城根葭城河冬天

冰床

　　神、剪窗花，佩解迎年。大年初一祭祖，向老人拜年，老人给晚辈压岁钱，从此拉开了丰富多彩的大年活动。

　　年末多流行冰上游戏，如民间的滑冰、坐冰床，清宫还在北京三海举行隆重的冰戏表演，这是北方特有的冬季文化。

木偶戏

结语

任何一个民族都有自己的丰富的历史文化，既有有形文化，也有无形文化，而在民族文化的百花园中，总会有一些文化现象是交融在一起的，这些交融点就是民族文化的亮点，是可以引以为荣的文化遗产。如我国史前的彩陶文化、商周的青铜器、秦代的兵马俑、汉代的漆器和画像石、隋唐的金银器、元明清的瓷器和绘画，以及古代留下来的文献古籍、艺术品、建筑等等，都是我国历史文化的辉煌篇章，又是承载着许多文化内涵的载体。以二十四节气来说，它包括农、林、牧、副、渔等生产活动，还涉及农村手工业、衣食住行、文化娱乐、民间信仰，是一部万能的"农事历"，是祖国传统气象学的集中表现。特别是二十四节气的谚语极其丰富，具有一定的科学性，是指导农事活动的指南。冬至开始绘制的"九九消寒图"，形式多样，内容丰富，是民间绘图的形式之一。清明的祭祖仪式保留了许多历史文化，包括族谱、祭文和祭祖仪式，该节气已经成为中国最重大的节日之一，特别是女娲祭、伏羲祭、神农祭、黄陵祭，已经列入中国非物质文化国家级保护名录，这些是维系中华民族历史联系的重要纽带。有关节气的起居生活、娱乐活动和养生方式也不胜枚举。因此，可以说二十四节气是我国民间文化的重要载体之一，但是却被许多人忘却了。

在我国广大城乡，二十四节气是家喻户晓的知识。但是关于二十四节气的研究却有较大难度：一是它不仅涉及自然科学，而且涉及不少社会科学，个人进行全面研究有一定的难度；二是它首先产生于黄河流域，后传到全国各地，甚至流传到国外，形成不少文化类型，人们对它的区域特征却知之甚少。正因为如此，才应该深入调查、研究二十四节气。

首先应该摸清二十四节气的情况，起源于何地？又怎么向外传播？到各地有什么变异？在中国可否划分几个二十四节气区域？要想回答上述问题，接受已有的古文献和调查成果是必要的，但更多地应走向民间，进行广泛的田野调查，把二十四节气的相关资料搜集起来，出版一套《二十四节气田野调查丛书》，这是占有资料的头一步，也是保护二十四节气的基础性工作。

其次，要在充分掌握资料的基础上，进行综合性的比较研究，主要问题有：二十四节气的起源和演变；二十四节气的区系类型；二十四节气的科学性和局限性；二十四节气的生命力和当前遇到的调整；二十四节气在国际上的传播和影响等等。

与我国其他民间文化一样，二十四节气是动态的，是不断变化的，目前已经处于弱势，正受到较大的文化冲击。随着中国社会的转型，世界经济一体化的影响，商品经济的刺激，我国非物质文化正受到前所未有的冲击。二十四节气面临急剧变化是肯定的，日趋淡化的趋势是不以人的意志为转移的。事实上，我国非物质文化有三种状态：

一种是基本保留，但处于濒危状态；

一种是已经消失或基本消失；

一种是还有一定生命力，但发生了变异。

二十四节气基本属于后一种情况，一方面它在广大农村还有广泛的市场，有一定的现实意义，还会长期传承下去，其传承人就是广大农牧民。另一方面，有不少青年农民已不注意二十四节气，更不愿运用二十四节气这一武器，所以保护二十四节气十分必要。具体保护有三种方式：一是进行节气调查，出版文本式的调查报告；二是拍摄各地过二十四节气的录像，保留形象化的资料，以上都是"记忆"工程；第三能否搜集一套二十四节气的实物、照片，举办一个二十四节气文化展览或者二十四节气博物馆。

以上设想仅仅是一孔之见，希望能够抛砖引玉，使大家行动起来，保护我们祖国的非物质文化遗产——二十四节气。当然，为了实现上述目的，仅仅依靠某一类专家的努力是不够的，必须动员各个学科的专家，进行综合性的调查研究。